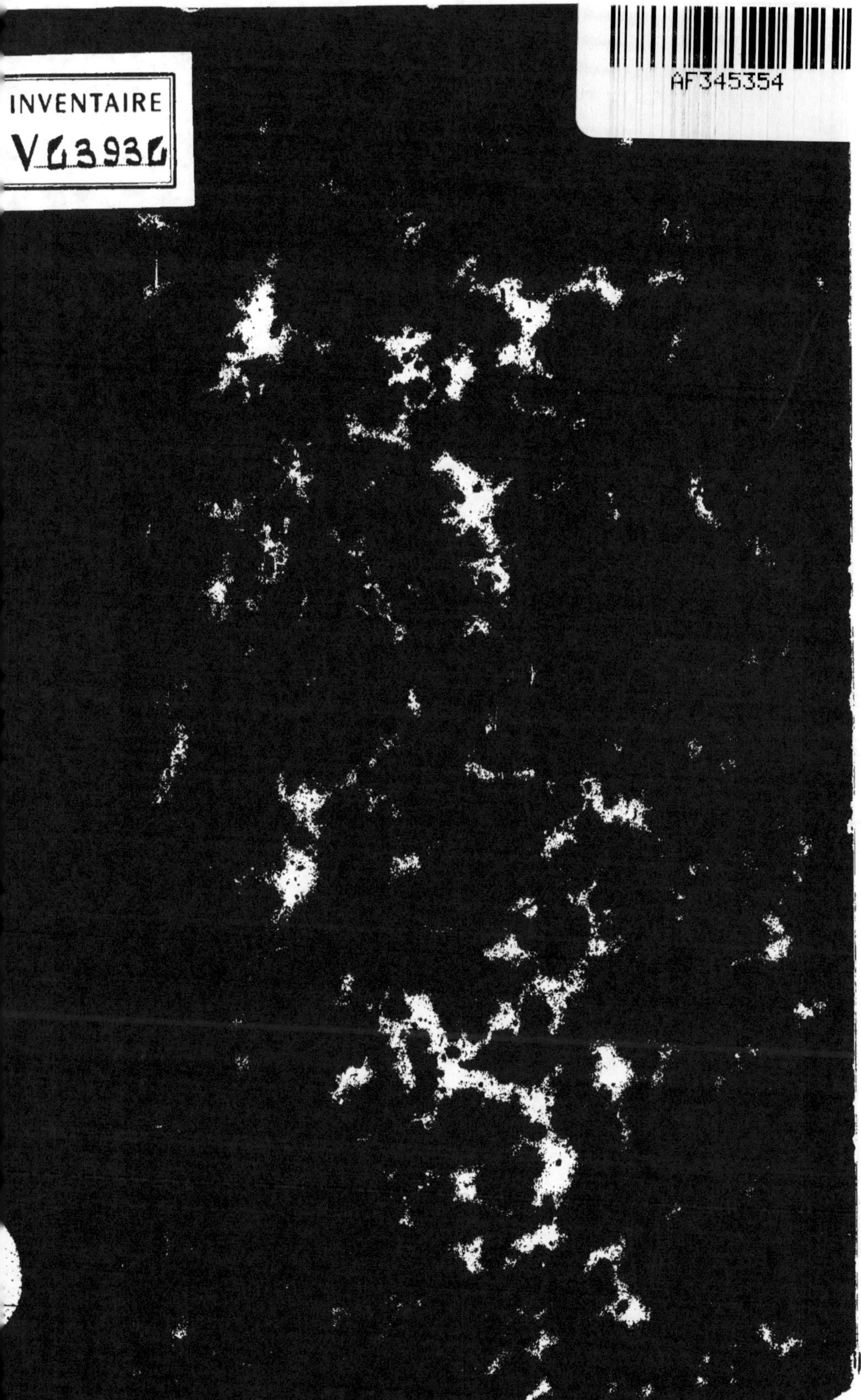

NOTICE STATISTIQUE INDUSTRIELLE

SUR LA

VILLE DE SAINT-ÉTIENNE

ET SON ARRONDISSEMENT.

NOTICE STATISTIQUE INDUSTRIELLE

SUR LA

VILLE DE SAINT-ÉTIENNE

ET SON ARRONDISSEMENT,

PAR

J. A. DE LA TOUR-VARAN,

Bibliothécaire de la ville de Saint-Étienne et de la Société industrielle
et agricole de la même ville.

———

PUBLIÉ PAR LA SOCIÉTÉ INDUSTRIELLE ET AGRICOLE
DE SAINT-ÉTIENNE.

SAINT-ÉTIENNE,

IMPRIMERIE THÉOLIER AÎNÉ,

PLACE DE L'HÔTEL-DE-VILLE.

1851.

AVERTISSEMENT.

Ne nous étant jamais occupé que de l'histoire de
l'arrondissement de Saint-Etienne, et déchiffrant
mieux un parchemin vermoulu que les tableaux les
mieux étudiés d'une statistique, nous n'aurions jamais
eu la pensée ni la témérité de tenter cet Essai, si nous
n'en eussions reçu l'ordre exprès de l'Administration
supérieure. Si nous n'avons point résisté à cet ordre,
c'est que nous avions à cœur de prouver tout notre
empressement à nous acquitter des obligations qui
nous sont imposées.

Le 19 octobre 1847, M. le Sous-Préfet nous écrivait
que M. le Ministre du commerce désirait ajouter à la
statistique du département de la Loire, une table indi-
quant :

1° La date des principales inventions ou découvertes
industrielles qui y ont eu lieu, en remontant aussi haut
que possible ;

2° La date des progrès importants qui ont été faits
dans chaque sorte de manufacture, et celle des établissements qui en ont favorisé le développement ;

5° Les noms des auteurs de ces inventions ou perfectionnements et ceux des hommes qui ont contribué,
par des travaux remarquables ou par des fondations,
à la prospérité de l'industrie stéphanoise.

Et M. le Sous-Préfet voulait bien nous charger de
ce travail, facile pour un autre, très-difficile pour nous,

parce que, étranger à l'industrie, nous avons cru, dans le principe, que nous n'étions point assez compétent pour fournir à l'Administration les renseignements dont elle avait besoin.

Cependant, après avoir examiné tout ce que nous imposait une tâche aussi honorable, nous nous sommes un peu familiarisé avec cette nouvelle obligation et nous nous sommes mis à l'œuvre, après nous être entouré des renseignements que nous ont fournis des hommes spéciaux dans chaque branche de notre industrie. Et si nous n'avons point satisfait au programme qui nous était soumis, nous pouvons affirmer que nous avons tout fait pour y parvenir.

Les intentions du Ministre n'ont point eu leur effet : d'autres préoccupations et d'autres besoins surgirent avec le 24 février 1848, et ces renseignements ne nous ont plus été demandés. Quoi qu'il en soit, cette étude ne nous a point été inutile ; elle nous a convaincu que pour bien connaître l'histoire d'une localité, il fallait encore en étudier la statistique sous plusieurs points de vue.

Les renseignements dont nous avons eu besoin, nous les avons demandés aux industriels les plus en réputation. MM. Jackson frères, fabricants d'acier à Assailly, et M. Ennemond Richard, fabricant de lacets à Saint-Chamond, sont les seuls qui aient mis de l'empressement à nous fournir des notes, à peu près complètes, sur leurs industries, et nous n'avons point à nous applaudir de ceux qui n'ont pas daigné répondre aux lettres que nous leur avions adressées ou qui l'ont fait d'une manière assez équivoque et toujours fort évasive.

Nous ignorons si le même esprit guide le reste du département ; mais nous savons que l'arrondissement de Saint-Etienne s'est toujours montré peu favorable à fournir les notes statistiques que le Gouvernement s'est trouvé dans le cas de demander, à des époques différentes.

Ici, nous nous autoriserons de l'opinion d'un homme compétent, M. Praire-Neyzieux, membre du conseil général des manufactures, qui répondait, le 4 mars 1855, à cette question :

« Quels sont les moyens d'établir, d'une manière exacte, une statistique industrielle et commerciale de la France ? »

Le savant théoricien, le profond observateur, répondit :

« Les difficultés sont grandes et de plusieurs sortes.

« Les unes morales, les autres physiques et matérielles.

« Les difficultés morales sont : 1° l'opinion, malheureusement trop répandue, que l'administration ne souhaite des données statistiques qu'afin d'étendre son inspection, ou d'accroître la somme des impôts ; ce qui explique la répugnance des industriels à fournir les indications qui leur sont demandées.

« 2° L'intérêt particulier des individus capables de donner les meilleurs renseignements ; intérêt qui pousse les uns à exagérer leurs produits, pour se donner plus d'importance, pousse les autres à les dissimuler de peur d'éveiller la concurrence ou de dévoiler la totalité de leurs ressources. »

Nous ne suivrons pas plus loin l'habile rapporteur, dans ses observations ; il nous suffisait de prouver notre embarras et les difficultés que nous avons dû rencontrer. Quoi qu'il en soit, ce que nous n'avons pu obtenir d'un côté, on nous l'a offert de l'autre, peut-être moins complètement, mais au moins nous pouvons affirmer que nous tenons pour très-exacts les renseignements que nous fournissons.

Peu familiarisé avec un langage qui est si différent de celui de la bibliographie ou de l'archéologie, ce travail offrira des imperfections que nous n'avons pu éviter ; nous prions les lecteurs de ne point nous en tenir compte et de remarquer que nous avons demandé toute l'indulgence de l'Administration quand nous avons accepté la tâche honorable qu'elle avait bien voulu nous imposer.

VILLE DE SAINT-ÉTIENNE

SON ARRONDISSEMENT.

INTRODUCTION.

Saint-Etienne a été, sans contredit, le berceau de la plupart des industries qui fécondent aujourd'hui son arrondissement. Nous connaissons l'origine de celles qui s'y sont naturalisées depuis le commencement de ce siècle ; mais il n'est pas facile de remonter au principe de celles que nos pères exercèrent primitivement. La plus ancienne est, on ne saurait en douter, la ferronerie ; les armes vinrent ensuite ; la rubanerie est plus récente.

Le commerce de la quincaillerie paraît être aussi ancien que la ville, dont les premiers habitants furent, presque tous, des ouvriers forgerons. Ils ne s'appliquèrent, d'abord, qu'à confectionner les objets de première nécessité, indispensables aux populations les plus rapprochées de leurs forges ; mais cette industrie se développa bientôt dans les mêmes proportions que la ville, qui ne fut, à son origine, qu'un village sans nom, caché au milieu d'un désert obscur de bois et de montagnes. Ses produits, à cette époque, ne furent que des tentatives indécises, tentatives, cependant, qui ont été la source du riche commerce qui fait aujourd'hui notre bonheur à tous.

De village, Saint-Etienne se fit bourg et son industrie devint plus active, ses productions plus variées et son commerce prit une nouvelle extension ; car ses habitants ne fabriquèrent plus la grande et la petite ferronerie pour la seule consommation des peuplades voisines : ses produits pénétrèrent dans les provinces éloignées. La concurrence s'établissait ; avec elle arrivaient les progrès qui assurèrent sa réputation et qui ont fait de Saint-Etienne et de son arrondissement, un des plus grands centres industriels de la France.

Avec les chroniqueurs de la localité, nous connaissons l'origine de la quincaillerie à Saint-Etienne ; mais nous ne saurions être d'accord avec eux sur le principe de la fabrication des armes et des rubans dans la même localité, qu'ils font remonter à une époque où, certainement, ces industries étaient encore inconnues à Saint-Etienne.

L'un d'eux nous dit :

« Que cette ville, qui n'était rien dans son commencement, vit bientôt (en l'an 1000), s'élever un château, sous les murs duquel des particuliers, venus du hameau des Forges, y bâtirent des cabanes où ils faisaient leurs rubans. »

Et ailleurs :

« Quelques ouvriers des hameaux voisins, tels que rubaniers, faiseurs de gardes d'épée, etc., attirés par les commodités que leur offrait la ville, vinrent s'établir successivement auprès de l'église et du château » (¹).

Un autre avance que les Romains faisaient fabriquer des armes à Furania (Saint-Etienne), 56 ans avant J.-C., et que cette industrie s'est perpétuée jusqu'à nous.

Il faut avoir bien peu lu l'histoire pour avancer de pareils arguments. Les plus anciens historiens nous ont conservé les noms des villes où les Romains avaient établi des manufactures d'armes, et pas un ne s'est avisé de citer Furania, ville inconnue parmi les villes gallo-romaines où l'on fabriquait des armes. Elles étaient au nombre de huit : une à Strasbourg (*Argentoratum*), à Mâcon (*Matisco*), à Autun (*Augustodunum*), à Soissons (*Suessionum-Civitas*), à Reims (*Remi*), à Amiens (*Ambiani*), à Trèves (*Treviri*); il y avait deux manufactures, l'une pour les boucliers, l'autre pour les balistes. Dans trois de ces villes on s'occupait de ciseler et de damasquiner les armes destinées aux empereurs.

(1) Il est fâcheux de faire d'aussi plates citations, mais les chroniqueurs stéphanois n'en fournissent pas d'autres. Le château dont ils veulent parler est ce prétendu château du Mont-d'Or qui n'en a jamais été un, comme nous nous proposons de le prouver plus tard, si Dieu nous prête vie. Nous ferons connaître sa véritable position, qui était loin de celle que lui assigne une fausse tradition. Tout ce que nous avancerons s'appuiera sur des preuves authentiques.

aux commandants-généraux des troupes, aux officiers et même aux simples soldats des légions (¹).

Outre cette citation d'un auteur aussi recommandable, nous dirons qu'il n'est besoin, pour constater l'erreur dans laquelle sont tombés nos chroniqueurs stéphanois, que de produire le rôle des habitants de Saint-Etienne qui, en 1515, répondirent au terrier du seigneur de Saint-Priest.

Ce document historique, que nous avons en main, et qui est connu sous le titre de *Terrier Paulat*, appartient à M. Courbon, avoué, qui en possède tant d'autres aussi précieux. Il ne laisse aucun doute sur l'exactitude des chiffres qui suivent, et chacun, comme nous l'avons fait, peut consulter ce curieux volume. Nous sommes sûr de notre travail, nous n'avons point à appréhender un démenti.

Nous y avons trouvé :

5	Arbalétriers,	*Arbalesterii.*
1	Barbier,	*Barbitompsor.*
5	Bouchers,	*Bocherii.*
1	Carrier,	*Lotonus.*
1	Chapelier.	*Capellerius.*
1	Charpentier.	*Carpentarius.*
11	Cordonniers,	*Corduanerii.*
4	Couteliers,	*Cotelerii.*
1	Marchand drapier.	*Draperius.*
55	Forgerons.	*Fabri.*

5 Forgerons de fers de lance ou
    de hallebarde,   *Javellinarii* (1).

2 Hôteliers,   *Hospites.*

1 Infirmier,   *Hospitalerius.*

2 Jurisconsultes,   *Judis castellani.*

2 Manœuvriers,   *Affanatores.*

20 Marchands,   *Mercatores.*

5 Maréchaux,   *Marescali.*

4 Merciers,   *Mercerii.*

2 Meuniers,   *Molendinarii.*

5 Nobles,   *Nobiles.*

4 Notaires,   *Notarii.*

6 Prêtres,   *Presbyterii.*

2 Sergents,   *Servientes.*

15 Taillandiers,   *Tallianderii.*

5 Tailleurs,   *Coturerii.*

5 Tailleurs de pierres,   *Lapis fabri*

2 Tisserands,   *Tentores.*

21 Sans professions,

4 Propriétaires étrangers à la ville.

Voilà donc 188 propriétaires qui se partageaient les 169 maisons qui composaient la ville, *intrà muros,* et les 145 autres qui se trouvaient dans les faubourgs, en tout 514 maisons à un et à deux étages. Quoique la plus grande partie de ces maisons aient été construites de manière à ne recevoir qu'un ménage, nous admettrons qu'elles en contenaient trois chacune, ce qui nous don-

(1) Ce nom, donné comme sobriquet à quelques individus de cette profession, a formé le nom de Javelle qui est commun à plusieurs familles stéphanoises.

nerait 942 feux et 4 individus par feu, nous arriverons à une population de 5,768 individus, chiffre posé bien largement.

Avec une telle population il n'est pas possible de supposer un important commerce de ferronerie, d'armurerie et de rubanerie. Son industrie se bornait uniquement et spécialement à la fabrication de la quincaillerie. Les forgerons et les taillandiers, les couteliers et les forgeurs de fers de lance atteignaient un nombre de 75 individus, dont le fer était la base de leurs industries, contre 115 autres des professions différentes entièrement étrangères au principal commerce, la quincaillerie.

En ce qui touche les **20** marchands rappelés dans le *terrier*, il est à croire que plusieurs d'entr'eux n'étaient pas de gros négociants et qu'il pouvait bien se trouver, dans leur nombre, quelques marchands d'épices ou d'autres menues denrées.

Cependant, nous en trouvons quelques-uns qui semblent s'être adonnés plus particulièrement au grand négoce, ce que prouvent les citations suivantes :

« Anthonia Colomb, uxor Johanius de Fontaney,
« mercatoris, pro nunc absentis à patriâ, confitetur se
« tenere.... »

« Claudia Jacquier (¹), uxor Jacobi Johanurer mer-
« catoris, pro nunc à patriâ absentis et Johannes suus

---

(1) Nous remarquerons que cette famille Jacquier s'est rendue recommandable dans notre pays et qu'elle a fini par posséder la baronnie de Cornillon, une des principales seigneuries du Forez.

« frater, pro nunc etiam absens à patriâ, confitetur se
« tenere.... »

Ces termes, *absens à patriâ*, attestent que ces hommes
faisaient le commerce au loin et que sous la qualifica-
tion de *mercator* on entendait un négociant.

Pour constater l'existence de la fabrique d'armes de
guerre ou autres, à Saint-Etienne, avant 1515 et même
à cette époque, aucune preuve authentique ne s'est
encore offerte. Le même *terrier*, qui aurait pu nous
apprendre quelque chose à ce sujet, est absolument
muet et ne révèle pas un seul individu qui aurait été
arquebusier. Qu'y trouvons-nous, en effet ? Trois ar-
balétriers, pas un seul arquebusier ; trois forgeurs de
fers de lance ; aucune mention des ouvriers qui auraient
pu s'occuper des diverses parties de la fabrication des
arquebuses, entièrement inconnues alors à l'industrie
stéphanoise.

Nous en dirons autant de l'industrie rubanière qui
n'est pas mieux rappelée dans le *terrier* de 1515 ; à
moins que les deux *textores* n'y soient désignés comme
tissutiers ; mais *textor* veut dire tisserand, on ne saurait lui donner une autre signification.

Nous concluerons en disant que le commerce de
Saint-Etienne n'a eu d'autre aliment, jusqu'au milieu
du 16ᵉ siècle, que la petite et la grande ferronerie, la
taillanderie et la coutellerie ; et si l'ancien St-Etienne,
dans ses débuts, n'a marché qu'en tâtonnant, une fois
sûre du terrain, la ville nouvelle s'est jetée, avec toute
l'ardeur de sa jeunesse, dans le champ de l'industrie et
du progrès. Il est juste, d'ailleurs, de reconnaître que

ce n'est qu'à ses seules forces qu'elle est redevable de sa brillante prospérité, sans qu'il soit besoin d'en faire remonter l'origine aux temps de Rome, texte un peu banal aujourd'hui et que, pour plus d'une localité, l'histoire dément chaque jour, en stigmatisant, d'une manière violente, toutes celles qui, sans titres, réclament une si haute origine.

Pour procéder avec ordre dans les indications qui vont suivre, nous adopterons l'ordre chronologique dans lequel se sont développées, dans l'arrondissement, les différentes industries. Cependant, nous regrettons de ne pas placer l'industrie houillère au rang qu'elle devait occuper, comme étant la plus ancienne ; car, sans elle, qu'eût été la ferronerie à Saint-Etienne ? Mais nous sommes obligé de la confondre avec la minéralogie, en lui donnant, toutefois, son rang dans cette spécialité. Nous traiterons donc :

1° De la Serrurerie ;
2° De la fabrication des armes ;
3° De la Rubanerie ;
4° De la Minéralogie ;
5° De la Métallurgie.

Pour servir de corrollaire à ce que nous venons d'avancer, nous citerons un passage d'un auteur recommandable qui écrivait en 1645, et qui énumère les différentes industries qui faisaient alors la réputation de la ville de Saint-Etienne. C'est un document précieux pour l'histoire locale. Nous connaissons déjà les différents genres de professions qui s'exerçaient à Saint-Etienne en 1515 ; il est extrêmement curieux de voir les rapides progrès que cette ville a faits en si peu de temps. Nous citons :

« La richesse du Forez consiste principalement en l'industrie des habitants de Saint-Etienne, qui mettent le fer en œuvre par excellence et en toutes sortes, ayant les eaux propres pour donner la trempe, et le charbon naturel de pierre à commodité pour le forger. On y travaille des armes de toutes façons, canons d'arquebuses, mousquets, pistolets, espées, etc., et tous ouvrages de fer, enclumes pour forgerons, orfèvres et batteurs d'or, avec distinction d'ouvriers de plusieurs sortes, tailleurs de limes, rudes, douces, bastardes, forgeurs et limeurs excellents de gardes d'espée, enrichisseurs d'armes en argent de rapport, or moulu, damasquiné, cizelure et graveure, graveurs, esperonniers et maistres de tout autre artifice et usage de fer, à quoy qu'il puisse estre employé, n'y ayant ville en France dont les habitants s'y adonnent si généralement, heureusement et avec tant de profit, fréquentant les principales villes du royaume et trafiquant en Italie, Espagne, Portugal, Flandres, Allemagne, Angleterre, et n'est pas jusqu'aux Indes où leurs ouvrages en soient veut et débitez. Les mines de charbon qui sont dans le terroir, et qui rendent la ville comme une autre boutique du dieu Vulcain, sont si abondantes et si creuses, qu'on y va bien loin avec chevaux et charrettes, et le feu s'est tellement attaché à l'une des perrieres ou mines, qu'elle brusle depuis trente ou quarante ans ; la flamme en paraist la nuit et en temps humide ; ce feu consume le charbon qui est dessoubs, et taille la terre au-dessus semblable à de la cendre, et incapable de porter fruit. L'industrie des habitants s'estend encores et s'addoucit à filer de la soye, faire des rubans et passemens qui se transportent aux bonnes villes de France et dans les royaumes estrangers. Ils y habillent aussi et tannent fort bien les cuirs. Le pays est fort habité, fourny de noblesse, avec les places et chasteaux. . . . . . »

(Description générale de l'Europe, par Pierre d'Avily, seigneur de Montmartin, Paris 1643).

DE LA SERRURERIE.

L'art du serrurier comprend, d'après la classification adoptée par les hommes spéciaux, non-seulement les serrures dont il tire son nom et qui forment un de ses plus importants produits, mais encore la presque totalité des ouvrages en fer qui sont employés dans la construction des machines et dans celle des édifices de toute espèce. C'est la serrurerie qui fabrique la plupart des outils, des instruments et des ustensiles qui s'emploient dans les arts et métiers. C'est encore le serrurier qui forge les grilles, les balustrades, les rampes d'escaliers, les balcons, etc. etc.

A Saint-Etienne, où chaque ouvrier travaille isolément à une spécialité industrielle, nous sommes obligés de diviser la serrurerie en groupes divers, dont chacun fait les objets d'une industrie particulière.

Ainsi, ce chapitre comprendra:

1° La serrurerie proprement dite, dont les produits sont : les différentes serrures, les cadenas, les loquets, les targettes, les fiches, la ferrure des portes, les verrous, les espagnolettes, etc., etc.

2° Les divers objets que comprend le commerce de la quincaillerie et qui consistent en cuillers, fourchettes, compas, mètres, étrilles, mouchettes, fers de bottes, fers à friser, fers à repasser et autres pour l'apprêt du linge; fleurets, tranchets, limes, vrilles, moulins à mains, pelles et pincettes, éperons, mors de bride, étriers, boucles et fournitures de selliers, etc., etc.

5° La taillanderie, qui consiste dans la fabrication de toute espèce d'outils, tels qu'enclumes, étaux. bigor nes, faux, pelles à terre, et généralement tous les outils aratoires.

4° La coutellerie de table et de poche.

5° La clouterie, qui fournit dans ses produits une si grande variété d'espèces, qu'il serait trop long de les énu.. 'rer.

§ I. — SERRURERIE PROPREMENT DITE.

Si ce n'est quelques produits exceptionnels, tels que les ferrures des portes et des croisées, on peut dire que la serrurerie est en pleine décadence à Saint-Etienne. Nous n'aurons donc point à signaler les importants progrès, les utiles essais, les heureuses tentatives accomplies ou provoquées par MM. les négociants ; bien loin de là, car leurs efforts semblent tendre plutôt à déplacer cette industrie qui se concentre à Saint-Bonnet-le-Château, qu'à la fixer à Saint-Etienne, en apportant d'urgentes améliorations dans la fabrication des serrures et des objets de petite ferronnerie qui font la base de leur commerce.

Les serrures se font encore à Saint-Etienne comme on les faisait il y a 80 ans. A cette époque, elles étaient devenues si médiocres que le commerce étranger ne voulait plus les accepter sous le nom de *Saint-Etienne* : pour en trouver le débit, on était obligé de leur imposer celui d'une autre ville, de leur donner une autre origine. Il est vrai qu'alors on en trouvait facilement le placement ; mais il est vrai aussi de dire que pour avoir mérité un pareil discrédit il avait fallu descendre au dernier point d'infériorité.

Cependant on sait de quelle réputation et de quelle faveur avait joui la serrurerie de Saint-Etienne, sous le titre de *Serrures du Forez*, ainsi que les articles qui en dépendent. Nous avons vu dans quelques anciennes maisons à Saint-Etienne, et dans les environs, des serrures de porte d'un fini parfait, des cadenas et des serrures de meubles de la plus belle exécution, des loquets de forme admirable, des pommelles et des pentures d'un travail parfaitement achevé, gracieusement enroulées et irréprochables, tant sous le rapport des formes que des contours arrondis avec art et toujours bien compris. Le plus souvent, on voit ces objets rehaussés par les coups hardis d'un burin large et exercé, car au moyen-âge et au temps de la renaissance, les serruriers étaient artistes et leurs œuvres prouvent encore la conscience de leur art.

Après avoir vu et examiné ces productions de l'industrie d'une époque éloignée, il est facile, mais il est encore plus fâcheux de mesurer toute la distance qui sépare la serrurerie ancienne de celle qui se fabrique aujourd'hui sous nos yeux, avec beaucoup de profit certainement pour le marchand quincailler, mais avec fort peu de gloire et de réputation pour lui.

Nous le répétons à regret, nous n'avons point de progrès à signaler dans la fabrication des serrures :

mais nous dirons avec plaisir que tout espoir n'est point
perdu, que les vieilles et bonnes traditions se sont con-
servées à la Ricamarie et que les serrures qui s'y fabriquent jouissent d'une bonne réputation à cause de leur
solidité.

Cette industrie reprendra son ancien lustre et le rang
qu'elle avait mérité, dès qu'il y aura du bon vouloir de
la part du fabricant ; qu'il se souviendra que son grand
père et son père ont exercé et lui ont transmis ce genre
de commerce, qu'il doit à son tour transmettre à ses fils
qui veulent vivre comme lui; quand il y aura un meilleur choix dans la qualité des fers qu'il emploie et
bien d'autres considérations qu'il ne nous est pas per
mis d'apprécier.

Nous devons considérer aussi que l'abaissement suc-
cessif du prix de main-d'œuvre a forcément découragé
l'ouvrier qui, pour réaliser le bénéfice suffisant pour
subvenir à son entretien et à celui de sa famille, ordinairement très nombreuse, a été obligé d abréger son
travail, auquel il ne lui était plus permis de donner tout
le fini convenable.

Et cependant le jury chargé d'examiner les produits
de l'industrie française, mis à l'exposition en 1806, di-
sait au chapitre 17 de son rapport :

« La ville de Saint-Etienne est remarquable par la
modération de ses prix dans tous les genres. A prix
égal, elle fournit en meilleure qualité que les autres fabriques ; cette circonstance qui fait le plus grand honneur à la ville de Saint Etienne, et la grande variété
d'objets qu'on y exécute, font désirer qu'il y soit formé

un établissement propre à répandre le talent du dessin, l'instruction relative au traitement des métaux et la connaissance de la mécanique appliquée aux manufactures. D'après ce que cette ville, abandonnée à ses seuls moyens, a développé d'industrie, il paraît indubitable qu'elle parviendrait rapidement à égaler la réputation des villes les plus célèbres pour la quincaillerie, et peut-être à les surpasser dans le commerce. »

Les marchands quincailliers seuls peuvent nous dire ce qu'ils ont fait pour réaliser les heureuses prévisions que laissait entrevoir le jury de 1806, dont les vœux, pour les établissements utiles, ont été remplis par la ville, moins le cours de mécanique pratique.

§ II. — MENUE QUINCAILLERIE.

En 1755, on ne connaissait point encore, à Saint-Etienne, l'avantage de se servir des machines, en usage depuis longtemps en Angleterre et en Allemagne. Asservi aux vieux usages, l'ouvrier faisait tout par routine ; voulait-il aplatir ou allonger une barre de fer, ce n'était qu'avec la puissance de ses bras qu'il y parvenait, car il mettait toujours une force égale à la résistance qu'il rencontrait dans le métal auquel il se proposait de donner une forme quelconque. La lime rude lui servait à dégrossir son travail, il le polissait avec la lime douce. Ces diverses opérations étaient longues et ne permettaient pas de pouvoir établir les produits stépha- nois à aussi bon marché que ceux d'Angleterre ou d'Allemagne. Ce ne fut qu'avec peine que nos ouvriers comprirent l'immense avantage qu'ils retireraient en adoptant les moyens usités à l'étranger avant 1790. Enfin, plusieurs améliorations furent introduites dans nos ateliers ; quelques ouvriers intelligents eurent recours au laminoir pour obtenir, presque sans peine, et avec plus de régularité et de promptitude, l'épaisseur et la largeur du fer qu'ils voulaient employer. L'époque des améliorations était arrivée, l'usage des marteaux convexes et concaves, des étampes, des matrices, des balanciers, tendait à se propager, et ces nouveaux procédés se multiplièrent à mesure qu'on en reconnut les heureux résultats qui, en simplifiant le travail, le rendirent plus productif, plus régulier, économisèrent le temps et permirent d'abaisser les prix et de résister à la concurrence.

Tant d'avantages ne persuadèrent pas le plus grand nombre de nos forgerons, qui ne virent dans ces nouveaux procédés que les sinistres précurseurs de leur ruine et de leur misère prochaines, et la routine, qui est persévérante chez l'ouvrier sans connaissance, le porta souvent à de déplorables excès, dont le premier il a payé les conséquences ; en voici un exemple :

Avant le commencement de ce siècle, **700** ouvriers à peu près, répartis dans **26** ateliers, fabriquaient des fourchettes qui avaient un grand débit. Dans les Vosges, on en fabriquait aussi, mais par des procédés plus économiques, et cette industrie menaçait d'échapper au commerce de Saint-Etienne. M. Sauvade, honorable fabricant, pénétré de l'amour de son pays, essaya de retenir parmi nous ce genre de fabrication, qu'une autre contrée nous enlevait chaque jour ; pour y parvenir, il créa en 1789, sur la petite rivière du Furet, près de Saint-Etienne, une usine montée d'après les procédés mécaniques, qu'en partie il avait inventés. Une roue hydraulique mettait en mouvement la machine qui consistait en plusieurs petites plaques qui formaient des emporte-pièces et qui coupaient, avec précision, toutes les espèces de fourchettes.

Cette entreprise commencée avec bonheur, marchait avec prospérité ; M. Sauvade, avait bien mérité de ses concitoyens et ses produits étaient recherchés, tant à cause de leur bonne qualité, que de la modicité de leur prix, lorsqu'en 1791, un rassemblement d'ouvriers se précipita sur le nouvel établissement, et le détruisit de fond en comble. M. Sauvade se plaignit en justice de cette spoliation ; on lui restitua ses emporte-pièces, mais ils avaient été endommagés, et, de dégoût, l'estimable industriel quitta les affaires commerciales. Dès lors la fabrication des fourchettes abandonna nos ateliers pour se réfugier à Mirecourt, où elle prospère à notre honte. Aujourd'hui 12 ou 15 ouvriers s'occupent ici de ce travail, qui ne leur offrent plus que le salaire le plus minime.

La fabrication des vis avait pris depuis longtemps une grande extension à Saint-Etienne et formait un des principaux objets d'exportation ; 1,200 ouvriers y étaient employés et cette industrie allait toujours croissant, quand elle s'arrêta subitement dans son cours de prospérité, pour ne laisser que quelques faibles traces de

son ancienne importance, MM. Jappy frères, de Beau-
court (Haut-Rhin), s'en étaient emparés exclusivement,
au moyen des machines qu'ils avaient montées vers la
fin de 1806; et de leur manufacture, sortaient toutes
les espèces de vis à bois réclamées par la consommation.

Un homme de génie, un enfant de l'arrondissement
de Saint-Etienne, tenta de ramener cette fabrication dans
son pays ; il y réussit. M. Palle, du Chambon, ancien
fabricant de couteaux et très habile mécanicien, établit
une manufacture de vis à bois admirablement organisée. De cet important atelier sortirent bientôt, avec
une abondance et une perfection toujours croissantes,
tous les genres de vis à bois, les tire-bouchons et les
autres objets dont la vis est le principe. La grande régularité des produits de M. Palle, les fit rechercher dès
leur apparition, et cette préférence bien méritée était
due à la bonne direction que l'intelligent industriel
savait donner à ses affaires, au soin qu'il apportait dans
le choix des ouvriers et surtout dans la bonté des outils
qu'il fabriquait lui-même pour ses machines, dont il
avait été le principal constructeur.

M. Palle est mort jeune, trop jeune encore, parce que
l'industrie qu'il avait si heureusement rappelée dans
l'arrondissement avait besoin de lui, et que sa fabrique
livrée à des mains étrangères, n'a pu prospérer , et
qu'elle s'est anéantie comme si elle eût été épuisée par
ses premiers et prodigieux efforts.

Après la mort de cet homme exceptionnel, il s'est
monté plusieurs ateliers à l'instar du sien, ce qui nous

fait croire que cette industrie est pour toujours fixée parmi nous.

M. Robin est le premier qui ait monté en grand la fabrication des limes ; son usine était placée à Trablaine près le Chambon. Avant lui, plusieurs ouvriers isolés, fabriquaient, à Saint-Etienne, et pour la seule consommation locale, des limes d'une bonté très médiocre et d'une taille grossière, ce qui les rendaient impropres aux besoins des diverses industries qui s'en servaient. M. Robin a rendu un grand service au commerce de Saint-Etienne en lui fournissant des outils précieux et perfectionnés, que nos ouvriers étaient obligés de payer fort cher au commerce étranger.

M. Soudry, ancien élève de l'Ecole des mineurs de Saint-Etienne, et M. Berquiot, négociant, créèrent un établissement de ce genre à Saint-Etienne, en 1833 ou 34. Ces fabricants qui employaient les aciers de Jackson, s'appliquèrent à produire des limes de différentes tailles, pour l'orfévrerie et la gravure, ainsi que celles dites *spincer*, que l'Angleterre, jusqu'alors, avait eu, seule, le privilége de nous fournir.

Ces divers produits furent remarqués, surtout les derniers, par le jury d'exposition de 1839, qui accorda à ces industriels une citation favorable.

MM. Journaud, Meunier et Cie, à Rive-de-Gier, fondèrent, en 1837, un établissement semblable, où 70 ouvriers étaient employés moyennant un salaire journalier, dont le terme moyen était de 2 fr. 75.

Les limes fournies par cette maison sont faites avec les aciers fondus et corroyés de Jackson. Essayées à la manufacture d'armes de guerre de Saint-Etienne, ces limes ont donné les meilleurs résultats, constatés par le rapport de M. le colonel d'artillerie, inspecteur de cette manufacture, ce qui leur valut une mention honorable à l'exposition des produits de l'industrie en 1839.

Nous ne saurions signaler de plus importantes améliorations dans la quincaillerie, dont les articles, en général, sont restés stationnaires; plusieurs sont tombés dans une honteuse médiocrité, d'autres ont été abandonnés pour toujours et nous pouvons citer les mouchettes dont la consommation était fort grande, et qui se fabriquaient à Saint-Genest-Lerpt, depuis 0 f. 90 jusqu'à 2 f. 20 la douzaine. Liège nous a enlevé cette industrie qui fournissait du travail à 200 ouvriers à peu près.

Nous terminerons cet article par une liste de plusieurs articles de quincaillerie fabriqués à Saint-Etienne, à diverses époques, avec le prix de chacun, pour servir de terme de comparaison avec ce qui se fabrique aujourd'hui. Toutefois, il est bon de dire que les prix cotés ci-après proviennent de quelques anciens inventaires, où ils étaient toujours portés plus bas que les prix de vente en magasin,

		f.	c
1648.	10 livres de fer, 1 fr. 2 sous. . . .	1	10
id.	1 millier clous de cordonnier. . .	1	50
1656.	1 grosse, vis de lits.	9	»
id.	1 douzaine mors de bride. . .	8	»
id.	100 targettes.	11	»
id.	1 douzaine tenailles.	5	»

				f.	c.
id.	1	id.	pieds-de-roi.	1	50
id.	1	id.	compas.	1	50
id.	1	id.	cadenas.	7	»
id.	1	id.	id. petits. . . .	4	»
1687.	1 grosse,	boucles de souliers. . .	4		»
id.	1 douzaine	mors de bride. . . .	5		»
id.	1	id.	éperons.	2	»
id.	1	id.	id. de bottes. . .	5	»
id.	1	id.	id. à talons. . .	»	50
id.	1	id.	grands compas. . . .	1	50
id.	1	id.	petits compas.	»	90
id.	1	id.	petites tenailles. . . .	1	50
id.	1	id.	fiches à gonds. . . .	»	25
id.	1	id.	mouchettes.	»	90
id.	1	id,	moules de balles. . . .	1	25
id.	1	id.	targettes.	1	25
id.	1	id.	pincettes ordinaires. . .	4	»
id.	1	id.	pincettes grandes. . .	6	»
id.	1	id.	moulins à poivre. . .	1	55
id.	1 grosse,	tire-bourres.	5		»
id.	1 douzaine	alicates.	1		»
id.	1	id.	tranchets.	»	90
1689.	1 soufflet	de forge.	5	

§ III. — TAILLANDERIE.

De toutes nos industries qui ont le fer pour base, la
taillanderie a été la plus heureuse, sous le double rapport du progrès et des produits.

Autrefois, comme encore aujourd'hui, à Saint-Etienne, le taillandier forgeait des pioches, des bêches, des fers de charrue, des faucilles, des hâches, et autres outils de charpentier. Les faux étaient de son ressort, les étaux, les bigornes, les tas lui appartenaient aussi, de même que la plus grande partie des outils de menuisier. Les enclumes seules avaient leurs ateliers à part, où, très souvent on s'occupait de la même taillanderie.

Si l'importante fabrique de faux de la Terrasse, les magnifiques et bruyants ateliers de grosses quincaillerie ont droit à une attention particulière, il ne s'en suit pas qu'il faille ou que l'on doive séparer leurs produits de la catégorie à laquelle ils appartiennent, la taillanderie prise dans le sens de ce mot.

Nous voulons être juste, nous tenons à être conséquent ; ainsi nous confondrons ensemble les grandes usines qui fabriquent des objets de taillanderie, avec l'humble boutique de l'ouvrier qui fabrique isolément les mêmes articles. Tout en reconnaissant la haute importance et la supériorité incontestable des grands ateliers, nous devons apprécier aussi le mérite des industries plus modestes qui, pour être plus cachées, ne s'appliquent pas moins avec ardeur, à perfectionner leurs travaux et savent, avec intelligence, soutenir les assauts d'une concurrence qui paraît ne point les atteindre. De ce nombre, nous devons citer le sieur Tézenas, fabricant d'étaux, dont les produits sont recherchés à cause de leur solidité, du fini de l'œuvre et de l'excellence du métal qu'il emploie. Cet habile ouvrier, à lui seul, a fait faire les grands progrès à ce genre de fabrication. Il ne travaille plus aujourd'hui que pour les personnes qui, à Saint-Etienne ou à Lyon, ont à cœur de posséder des étaux de choix.

Partout où l'on rencontre le nom de M. Massenet, on ne peut se défendre d'un sentiment de reconnaissance qui lui est justement dû. Elève de l'Ecole polytechnique, M. Massenet embrassa la carrière militaire qu'il abandonna en 1815, après six années de grade de capitaine de génie, et neuf années de campagnes. De concert avec M. Garignon, il fonda, à cette époque, à Toulouse, la première fabrique de faux, en acier cémenté.

Plusieurs fabriques de ce genre s'élevèrent bientôt et cherchèrent à égaler l'établissement qui avait servi de modèle ; mais ce dernier, toujours sous la direction de M. Massenet, garda continuellement le premier rang.

En 1839, l'habile et savant industriel vint se fixer à Saint-Etienne, où il créa une fabrique de faux. Avant cette époque, on ne les fabriquait qu'avec de l'acier cémenté parce qu'on trouvait l'acier fondu trop cher et trop dur. Ces deux inconvénients ont disparu en présence de la bonne volonté d'hommes de cœur. Un renfort d'intelligence venait de s'associer à l'entreprise de M. Massenet ; MM. Jackson frères parvinrent à donner à l'acier une qualité propre à lui faire subir toutes les opérations qu'exige le genre de fabrication auquel on voulait le soumettre et à le fournir en même temps à un prix qui permet de l'employer avantageusement.

Les faux ne se fabriquent ordinairement que de deux

manières, l'une pour être affûtée au marteau, l'autre
à la meule. En France on ne se sert que de la première
espèce.

Aujourd'hui il n'existe plus de difficultés pour leur
fabrication en acier fondu, soit pour le prix, soit pour
la matière : on en est même venu à les préférer à celles si
renommées de Styrie, dont l'importation diminue considérablement chaque année et qui cessera bientôt, on
est porté à le croire, car la maison de la Terrasse ex-
porte les siennes en Suisse où elles se vendent avec
succès, quoiqu'à un prix plus élevé.

M. Massenet, gérant de cet établissement, mérite à
plus d'un titre, la reconnaissance du pays, pour les services qu'il a rendus à l'industrie nationale.

Le jury, à l'exposition de 1844, décerna à MM. Massenet, Gerin et Jackson la médaille d'or ; en même
temps M. Massenet recevait la croix de la Légion-
d'Honneur.

M. Malespine possède à Saint-Etienne un des plus
importants établissements pour la fabrication des outils
de forge. Il est le premier qui ait tenté de réunir, dans
le même atelier, un grand nombre d'ouvriers pour forger les grosses pièces et d'avoir su donner une grande
extension à ses produits qui se sont toujours fait remarquer par leur bonne fabrication et la modération de
leurs prix.

M. Malespine a établi une forge à pudler ses fers,
et il obtient un double avantage, celui d'avoir des fers
propres à l'usage auquel il les destine et celui d'y produire avec plus de facilité et d'économie les grosses
pièces de forge qu'on lui demande.

Les succès obtenus par M. Malespine sont d'autant plus glorieux qu'il a commencé sa carrière comme simple ouvrier forgeron; c'est là son titre le plus glorieux, celui qui le flatte ou qui doit le flatter le plus, celui qui le place bien avant au nombre des hommes utiles et de mérite dont s'honore la ville de Saint-Etienne.

De ses ateliers sortent annuellement 700,000 kilog. de fer, essieux et grosses pièces de forge, 1,500 enclumes, 1,200 étaux, 200 bigornes, 500 soufflets, 400 filières et 80,000 kilog. de pelles à terre (¹).

§ IV. — COUTELLERIE.

La plus modeste, jadis la plus utile et aujourd'hui la moins florissante des fabrications stéphanoises, est celle qui a pour produit le couteau pliant, sans ressort, qui a rendu célèbre le nom d'Eustache.

La plupart des économistes de ce siècle ont cité le jugement de l'illustre Fox, sur l'exposition de 1801. Interrogé par le premier consul, pour savoir ce qu'il admirait le plus dans les produits de l'industrie française, il répondit : « que c'était les Eustaches, à raison de leur bon marché. » Cette industrie révèle des faits

(1) Tout le monde se souvient de l'affreux malheur qui détruisit la belle usine que M. Malespine possédait sur les bords de Furan, et qui a paralysé son commerce. Tous ses concitoyens ont pris part à ce cruel événement, et tous ont la confiance qu'il trouvera dans son énergie, bien connue, de nouveaux moyens, pour réparer d'aussi considérables pertes.

intéressants qui témoignent de l'heureux progrès de l'aisance nationale.

Depuis le commencement de ce siècle, la fabrication des Eustaches ne comprend plus que les qualités dites *petits, très-petits, passe-petits* et autres, bonnes seulement pour les enfants. Les gros Eustaches ne se fabriquent plus ; la faible quantité qu'on en fait passe en Espagne, en Portugal et quelque peu en Basse-Bretagne. Ils ont été remplacés graduellement par les couteaux de Thiers, mieux confectionnés, plus solides et par conséquent plus chers.

Néanmoins, la fabrication des Eustaches n'a pas diminué sensiblement, mais elle est restée stationnaire, et il n'y a point de progrès à attendre de ce côté ; ce genre de fabrication ne le comporte pas , non-seulement parce que les ouvriers travaillent isolément, mais encore parce qu'ils ne parviennent qu'avec peine à gagner le strict nécessaire à leur existence ; c'est sans contredit la plus minime des professions qui s'exercent à Saint-Etienne.

Il est très curieux de savoir comment le prix de 5 c. 2/5 d'un Eustache se répartit entre les branches si nombreuses de cette singulière fabrication.

Le manche est en bois, il arrive, tout fait, de Saint-Claude et coûte 1 fr. la grosse (12 douzaines.)

La lame est en acier de Rives; elle est successivement étirée, forgée, percée, coupée, marquée, dressée, trempée, réchauffée, replanie, et pour l'amener à ce point, il a fallu la mettre six fois au feu et chaque fois elle a reçu douze coups de marteau.

De la forge elle passe à l'aiguisage où elle est ébour-
rée, éfilée, rognée, polie et enfin ajustée, clouée et rivée.
Il y a seize opérations, sans compter celles qui sont
relatives au manche et à l'emballage de l'Eustache qui
est successivement empaqueté, ficelé, étiquetté, et em-
ballé. Le total présente, au moins, 28 opérations différentes, pour lesquelles il n'a pas fallu moins de 18 ouvriers différents.

Les anciens fabricants qui ont laissé leurs noms
attachés à cette industrie sont :

MM. Eustache.

Avril.

Descos.

Ozon.

Bizalion.

Et de nos jours :

Chavanne-Descos.

Renodier.

§ V. — CLOUTERIE.

Nous trouvons qu'il y avait, dès le commencement
du XVIIe siècle, des ateliers de clouterie dans le village
de Saint-Julien-en-Jarez, près Saint-Chamond.

Nous n'avons pu découvrir le nom de celui qui construisit, dans ce pays, la première usine pour refendre
les barres de fer propres à la fabrication de chaque
espèce de clous ; mais nous savons qu'il en eut le privilége exclusif, qu'il fut ennobli et que son usine fut décla-

rée fief, avec droit de tours et de créneaux. C'était bien là
une récompense de Louis XIV et digne de celui qui
venait de trouver le moyen d'accélérer et de rendre
plus parfaits les produits d'une industrie si nécessaire à
la marine dont le grand roi s'occupait alors avec tant
d'activité.

Un peu plus tard, la même industrie fut portée à
Firminy, où elle a prospéré. Cette localité doit ce bienfait à Claude de la Tour, seigneur de Varan, qui fit
construire les premiers ateliers de clouterie au hameau
de la Chau, près de son château de la Tour.

Il paraît que le privilége accordé à l'inventeur pour
refendre le fer n'avait plus de force, ou que le privilégié
céda une partie de ses droits, puisque nous trouvons ce
même Claude de la Tour qui fait construire, au lieu de
la Bargette, sur la rivière d'Ondaine, une usine semblable à la fenderie de Saint-Julien-en-Jarez.

Quoi qu'il en soit, ce commerce devint très florissant
dans ces deux localités, et il y a été la source de plusieurs
grandes fortunes.

A Saint-Julien, la maison Pleney avait obtenu le privilége de la fourniture de toutes les espèces de clous
employés dans la construction des vaisseaux : 1790 seul
arracha ce monopole des mains qui s'en étaient saisi.
Cette maison, en se retirant des affaires, laissa son commerce à la famille Neyran qui, en donnant une extension prodigieuse à cette industrie, s'est assuré une
fortune colossale et une grande réputation.

Ce commerce n'est plus aussi florissant qu'il l'était
autrefois ; l'usage des pointes de Paris lui a porté un

coup tel, que tous les efforts ne parviendraient pas à lui
rendre ce qu'il a perdu, ni à le préserver des échecs
que l'avenir lui prépare.

L'industrie des clous, dans notre arrondissement,
est restée stationnaire en ce qui regarde les procédés
mécaniques, et malheureusement notre population est
trop portée à repousser les nouveaux moyens qui font
la prospérité des autres pays, au détriment de la sienne.
Et tandis que, ailleurs, on fabrique les clous avec tant
d'avantage, par le moyen des machines, nos ouvriers
en sont encore à forger le clou sur le tas, et lui façonner
la tête sur la *clavière*, comme cela se pratiquait il y
a 200 ans.

De nos jours cependant, quelques heureux essais ont
été faits, mais ils sont restés dans les mains des inventeurs, sans qu'il se soit trouvé un seul ouvrier qui ait
osé se servir de ces nouveaux procédés.

M. Antoine Buisson fils, à Saint-Étienne, intelligent
et habile mécanicien, s'est constamment attaché à perfectionner différents procédés, particulièrement ceux qui
sont relatifs à l'emploi des métaux. Il s'est plus spécialement appliqué à perfectionner la fabrication des clous,
en apportant d'utiles réformes dans la manière de les
forger et en appliquant les machines de son invention,
qui les produisent d'une manière uniforme.

En 1827, il trouva un procédé qui apporta des modifications avantageuses dans la fabrication des pointes
de Paris.

En 1829, il inventa la machine à fabriquer les chevilles en fer, pour les cordonniers, connues dans le

commerce, sous le nom de *Chevilles Buisson*. Avant cette époque, ce genre de clous se vendait 1 f. 50 le 1000, depuis il s'abaissa presque subitement, à 0 f. 50, et telle est l'excellence de la machine de M. Buisson, qu'un seul ouvrier peut en faire de 35 à 40,000 par jour, tandis que le plus habile ne parvenait, avant l'invention de M. Buisson, qu'à en forger, avec peine, 3 ou 4,000.

En 1838, il prit un brevet de 15 ans, pour une machine propre à fabriquer les clous de caisses et de bateaux.

En 1843, il prit un autre brevet, de 15 ans, pour une machine, au moyen de laquelle il fabrique les clous de souliers, connus sous le nom de *bossettes de Charleville* ; machine qui a l'avantage, sur celles que l'on emploie ailleurs, de forger à chaud, ce qui conserve au fer toute l'élasticité qu'il perd lorsqu'il est forgé à froid.

M. Buisson est aussi l'inventeur d'un nouveau procédé pour tréfiler le fer employé dans la fabrication des pointes de Paris. Ce procédé n'est point encore connu, mais tous les essais ont été faits, et ont parfaitement réussi. Ce procédé doit procurer de grands avantages et une notable économie, comparativement aux moyens employés jusqu'à ce jour. L'inventeur est sans fortune, ce qui l'oblige d'ajourner la mise en pratique de son excellente machine. Nous reviendrons sur le compte de cet industrieux mécanicien à l'article de la fabrication des armes.

FABRICATION DES ARMES.

—

§ I. — ARMES DE GUERRE.

Nous avons dit quelle était notre opinion sur l'origine de la manufacture d'armes de Saint-Étienne ; nous la maintenons. Avant François Ier on fabriquait, il est vrai, dans cette ville, des arbalètes, des hallebardes, des lances et autres armes de ce genre ; mais il est absolument impossible de prouver qu'on s'y soit occupé d'arquebuserie avant 1550. Le commencement de cette industrie est suffisamment consigné dans les écrits de quelques chroniqueurs qui nous apprennent qu'en 1516 le monarque envoya, dans notre cité, Georges Virgile, ingénieur Languedocien, pour étudier la localité. Nous disons pour étudier, car sa mission n'avait pas d'autre but, puisque les mêmes chroniqueurs ont eu soin de nous apprendre que Georges Virgile avait reconnu *l'excellence du combustible pour la forge, la bonté des eaux du Furan, pour la trempe du fer et surtout, la disposition du terrain où coule la rivière qui permettait d'y établir avec facilité toutes les usines nécessaires pour la fabrication des armes à feu.*

Le génie des habitants se prêtait aussi merveilleusement à l'exécution de ce projet ; François Ier avait besoin d'armes pour soutenir les guerres qu'il projettait et nécessairement il dut songer de préférence à Saint-Etienne, dont les habitants étaient reconnus pour d'excellents ouvriers, dans tous les genres de travaux où l'on employait le fer.

Dès cette époque, une partie des ouvriers stéphanois s'occupa d'arquebuserie, non pour traiter une arme aussi finement que celles de luxe qui se fabriquaient ailleurs; mais seulement pour confectionner celles que l'on mettait entre les mains des simples soldats, armes qui ne pesaient pas moins de 50 à 40 livres et quelquefois davantage.

Il n'y avait point alors de modèles ; chaque ouvrier travaillait, pour ainsi dire, à sa guise, et pourvu que de ses mains sortissent des armes en état de servir, le but était rempli.

L'armurerie de guerre n'était point alors concentrée, comme elle l'est aujourd'hui. Dès le commencement, quand le roi avait besoin d'armes, les commandes se faisaient simultanément à plusieurs arquebusiers à la fois, principalement à ceux qui offraient les meilleures conditions. Ces armes étaient confectionnées sans examen et sans contrôle.

Ce mode de commande pour les armes de l'Etat, subsista, à Saint-Etienne, jusqu'au commencement du XVIIIe siècle, époque où l'expérience provoqua une loi qui constitua des officiers d'artillerie, chargés de surveiller la fabrication et d'examiner les armes, afin de les accepter ou de les laisser pour compte.

Il paraît que le premier qui eut cette mission, fut

M. de Saussay, officier d'artillerie, qui vint à Saint-Etienne en 1717, et qui eut sous ses ordres un contrôleur. Après lui nous trouvons, vers 1742, M. Faure; en 1747, M. Brune, lieutenant-colonel d'artillerie; en 1750, M. de Saint-Hilaire, comme son prédécesseur, lieutenant-colonel d'artillerie.

Jusqu'en 1764, le gouvernement, qui avait toujours traité, dans ses besoins d'armes, avec les principaux armuriers de la ville, s'aperçut des vices de cette manière de procéder. M. de Montbeillard, inspecteur de la manufacture d'armes de Charleville, vint à Saint-Etienne chargé de donner une meilleure direction à la manufacture d'armes qui dépérissait sous les abus qui étaient venus se joindre à ceux qu'avait enfantés la primitive organisation, et qui s'opposaient à toute espèce de progrès.

M. de Montbeillard attaqua les vices dans leurs racines; le plus grand était, sans contredit, l'isolement des ouvriers. Il proposa une société unique pour la fabrication des armes de guerre, qu'il organisa et à laquelle le roi accorda le privilége exclusif de fournir les armes commandées par l'Etat. La manufacture prit, dès lors, le titre de royale, et ses ouvriers furent exempts de la milice.

M. de Montbeillard peut être regardé comme le véritable fondateur de la manufacture d'armes de Saint-Etienne; les soins qu'il lui donna, les utiles améliorations qu'il y introduisit, surtout dans l'ordre du travail et la division, par classes, des ouvriers, permirent de confectionner 20,000 armes annuellement, au lieu de

5,000 qui se fabriquaient auparavant, avec beaucoup plus de défauts.

Après avoir aussi honorablement rempli sa mission, à Saint-Etienne, M. de Montbeillard retourna à Charleville, et fut remplacé, dans notre ville, en 1765, par M. de Bellegarde, capitaine d'artillerie.

Dans la même année on essaya de fabriquer des bayonnettes que l'on recevait auparavant du Klingental et que l'on ajustait aux fusils que la manufacture avait préparés.

La première société des entrepreneurs d'armes qui s'était formée en 1764, sous les auspices de M. de Montbeillard, se composait de neuf négociants. En 1769, le sieur Carrier-Monthieu se trouvait seul chargé de la fourniture des armes de guerre à Saint-Etienne, et le roi lui accorda, ainsi qu'à ses héritiers, les mêmes privilèges qu'il avait accordés à la première société ; mais ne pouvant remplir ses engagements, M. Carrier fut obligé de remettre son entreprise à MM. Carrière et Dubouchet.

Nous ne suivrons pas l'histoire de la manufacture d'armes, à Saint-Etienne, dans toutes ses phases ; elle offre peu d'intérêt, même au temps de la République, époque où l'on fabriqua le plus mal et les plus mauvaises armes. Il ne pouvait pas en être autrement, les besoins étaient grands, et jusqu'en 1811, les armes de Saint-Etienne provoquèrent toujours les plaintes du ministre de la guerre.

Avant 1789, la manufacture ne fabriquait pas au delà de 12,000 fusils annuellement. Du 30 août 1794, au 19 mai 1796, elle en fournit 170,858 et 15,219 paires de pistolets, outre une grande quantité de sabres et de bayonnettes. Pendant les dix années qui ont précédé 1814, la fabrication, en moyenne annuelle, a été de 100,000 à 120,000 fusils, et le nombre des ouvriers qui y étaient employés dépassait 2,000. En 1815, les travaux reprirent une nouvelle activité, qu'avaient interrompue les affaires politiques, et qui ne dura que quelques mois ; mais depuis cette époque jusqu'en 1830, les produits s'élevèrent à 20,000 armes par an et ne dépassèrent pas 50,000. On ne comptait plus alors que de 500 à 800 ouvriers.

En 1830, la manufacture put fournir 6,000 fusils environ par mois ; mais ce nombre paraissant insuffisant au ministre de la guerre, l'Angleterre fut chargée de nous fournir le surplus. Cette mesure fut provoquée par le manque absolu, où se trouvait la manufacture de Saint-Etienne, des machines propres à accélérer et à perfectionner le travail, et que Birmingham possède à un si haut dégré de perfectionnement.

La Russie elle-même possède, grâce aux machines, des manufactures d'armes supérieures aux nôtres, à celle de Saint-Etienne principalement.

Cependant, les événements de 1830 et l'éventualité d'une guerre générale, firent adopter à Saint Etienne, quelques machines pour accélérer le travail, qui devint aussi plus parfait.

En 1792, M. Javelle, contrôleur des armes à la manufacture de Saint-Etienne, inventa une machine qui sert à dresser, à polir et achever les canons de fusil extérieurement. Par ce moyen les canons sont dressés avec

précision et il en résulte une économie de trois quarts
pour la main-d'œuvre.

En 1818, M. Buisson père trouva le moyen de plier
les grenadières de fusil de guerre, par un procédé aussi
ingénieux qu'économique, et ce que le gouvernement
payait 0,60 c. avant cette époque, M. Buisson put le lui
fournir à 0,25 c., ce qui offrait de suite une économie
de 0,70 c. par fusil.

En 1816, on substitua à Saint-Etienne, à l'ancienne
manière de forger les canons, la méthode dite *Lié-
geoise*, plus expéditive et moins coûteuse. Des ouvriers
qu'on avait fait venir de Charleville et de Maubeuge,
furent chargés d'en démontrer les principes.

Dans la même année, M. Cessier, armurier à Saint-
Etienne, prit un brevet d'invention de 10 ans, pour un
fusil à *percussion* et à *réservoir d'amorces fixes*. Il en présenta deux modèles différents à l'usage de l'armée ; ils
figurent aujourd'hui au musée d'artillerie.

En 1825, cet honorable fabricant exposa un autre
fusil, à *magasin volant,* aussi à l'usage de l'armée ; cette
arme lui valut une récompense.

En 1831, MM. Ardaillon et Bessy, maîtres de forges
à Saint-Julien-en-Jarez, fabriquèrent des canons de fusil
au laminoir, par ordre du ministre de la guerre. Sur
500 canons fabriqués de la sorte, 12 parurent avoir
besoin de légères réparations pour défaut de soudure,
5 pour défaut à la tranche et $\frac{1}{3}$ à peu près devaient
être allongés ; la plus grande partie ne laissait rien à
désirer.

En 1852, M. Antoine Buisson fils (nous l'avons déjà cité

à l'article clouterie) inventa une machine, avec laquelle il parvint à *forer* onze trous à la fois, au corps de platine des armes de guerre. On ne saurait mieux prouver l'excellence de cette mécanique qu'en disant qu'elle a reçu l'approbation de MM. les officiers d'artillerie attachés à la manufacture, ainsi que celle des hommes compétents.

Plus tard, M. Reverchon aîné apportait des améliorations aux tours inventés par M. Javelle, pour le dressage des canons. Cet habile mécanicien, dont nous parlerons encore au sujet de la rubannerie, est parvenu à achever extérieurement les canons, sans avoir, pour ainsi dire, recours à la meule.

Vers le même temps, ou plutôt en 1831, MM. Jovin frères, pour donner plus d'extension à la manufacture, et pour obvier au désagrément du chômage auquel étaient exposées les usines mues par les eaux du Furan, rivière qui est à sec une partie de l'été, créèrent un vaste établissement pour l'aiguisage et le forage des canons. Cette usine, digne de l'établissement auquel elle appartient et des personnes qui l'ont conçue, possède une machine à vapeur de la force de 70 chevaux, qui sert de moteur aux tours, aux foreries, aux meules à aiguiser, aux polissoirs et aux laminoirs pour les canons et les lames.

§ II. — ARMES DE LUXE OU DE COMMERCE.

Bien différent de ceux qui pensent que la fabrication des armes de luxe, à Saint-Etienne, est plus ancienne

que celle des armes de guerre, nous croyons le con-
traire, bien mieux nous pouvons le prouver. Il n'est
besoin, pour en être convaincu, que de faire attention
à l'origine de l'armurerie dans cette ville. Avant 1515,
nous n'y trouvons pas un seul arquebusier ; mais en 1556
on commence à voir poindre cette fabrication, et comme
nous l'avons déjà dit, elle ne produisit, d'abord, que
des armes de guerre ; les armes de chasse sont pos-
térieures.

Quoi qu'il en soit, cette industrie fit de rapides progrès dans notre cité, et nous avons vu, dans un château
voisin, une arquebuse de luxe, fabriquée à Saint-
Etienne, sous le règne de Henri III, remarquable par
la complication des ressorts et autres pièces de la platine, le fini du canon taillé à pans et cannelé et la beauté
des incrustations en argent, en nacre et en ivoire gravés
qui rehaussaient admirablement le bois de cette arme
magnifique.

Aujourd'hui, les produits de l'armurerie de commerce pénètrent partout, non seulement dans les dé-
partements de la France, mais encore en Suisse, dans
le Levant, dans les possessions françaises, les côtes
d'Afrique et jusque dans les Grandes-Indes. Très souvent
ces armes sont d'une richesse surprenante, surtout
quand elles sont destinées pour les pays du Levant.

La fabrique d'armes de luxe de Saint-Etienne a fait
de notables progrès depuis la révolution de 1789, et
tout ce qui se produit ailleurs peut s'exécuter ici avec
autant, et peut-être, avec plus de précision.

Toutes les espèces de canons se fabriquent à Saint-

Etienne, et les platines y ont reçu de tels perfectionnements que les fabricants se trouvent en état d'exécuter
tous les genres d'armes qui peuvent leur être demandés. Il en est de même de toutes les autres parties qui
se rattachent à cette fabrication.

Avant 1789, M. Lamotte s'était fait une réputation
considérable pour les fusils de chasse ; ils étaient parfaitement achevés et offraient une grande solidité. Il
n'est pas une seule maison, un peu ancienne dans le
département de la Haute-Loire, qui ne possède un ou
deux fusils, portant le nom de Lamotte, que l'on conserve soigneusement, et que les vieux braconniers pré-
fèrent aux nouveaux ; nous n'entendons pas dire, pour
cela, qu'ils aient raison.

Des hommes de talent ont surgi, très souvent à Saint-
Etienne, du milieu des différentes industries qui con-
courent à la fabrication des armes. Les Galle, les Dupré,
les Desmarest et autres, étaient graveurs ou ciseleurs à
Saint-Etienne. Ils quittèrent leur pays natal, emportés
par le génie des arts, pour aller dans la capitale graver
des coins pour la monnaie, ou pour siéger à l'Institut.

Parmi les hommes qui ont véritablement aimé le
progrès, qui ont le plus activement contribué à propager les bonnes méthodes pour la fabrication des armes,
qui n'ont pas craint, non plus de faire des sacrifices,
quand il a fallu vaincre la routine, nous en découvrons
un que son intelligence a placé au-dessus des autres :
C'est M. Cessier, ancien fabricant d'armes, que l'on peut,
sans trop avancer, appeler le restaurateur de la bonne
fabrication des armes de luxe, à Saint-Etienne.

De bonne heure, M. Cessier s'occupa d'améliorer l'industrie qu'il avait embrassée ; car il avait compris que le meilleur moyen d'arriver à la perfection, c'était de se faire des points de comparaison. Aussi, bien jeune encore, nous le trouvons étudiant à Paris et surtout à Versailles, où l'on avait établi une manufacture d'armes de luxe, les meilleurs procédés qui étaient en usage. Quelques fabricants de Saint-Etienne avaient essayé, sans étude préalable, d'adopter des innovations, disons mieux, les améliorations introduites dans la fabrication des armes, par la manufacture de Versailles ; mais obligés de marcher à tâton, ils se fourvoyèrent et, par malheur, ils poussèrent leurs ouvriers dans une fausse voie, surtout en ce qui regarde la platine.

En 1805, M. Cessier revenait de Paris à Saint-Etienne pour s'y fixer. Il revenait riche d'expérience et de profondes et précieuses observations. Ce fut alors qu'il déclara une guerre à outrance à la vieille routine, aux mauvaises habitudes, et sa tâche fut pénible ; car il avait pour antagonistes les anciens fabricants qui tenaient aux vieilles traditions, et les ouvriers qui repoussaient toutes innovations.

L'expérience qu'il avait acquise, son goût pur et correct et l'envie d'être utile à son pays, lui faisaient comprendre la nécessité d'une réforme radicale. Il l'entreprit, et par sa persévérance il parvint à dompter les habitudes, à vaincre les obstacles ; la routine succombait devant le génie progressif. Il frappa, d'abord, les parties qui lui parurent les plus vicieuses ; ses réformes portèrent, surtout, sur la platine dont la fabrication était des plus arriérée, des plus indécise et des plus mauvaise.

Dès le principe, ses conseils furent mal reçus; ils furent repoussés; les modèles qu'il présenta furent rebutés, et lui-même commençait à perdre courage, à désespérer du succès, lorsqu'il conçut l'idée de prendre à sa solde et dans ses ateliers quelques ouvriers, chez lesquels il avait reconnu le plus d'intelligence et le plus de dispositions, qu'il façonna à sa guise. En moins d'un an ils furent en état de fabriquer des platines, d'après les meilleurs et les plus nouveaux principes; M. Cessier avait vaincu; la réforme qu'il rêvait se fit alors d'elle-même.

Il en fut ainsi pour les autres parties de l'arme, et si tous ses élèves n'ont pas montré des talents égaux, tous, au moins, sont sortis des mains de M. Cessier l'esprit porté à d'autres tendances et entièrement désabusés des vices de la routine.

C'est M. Cessier qui apprit à nos ouvriers à incruster l'or sur les canons, les platines et autres garnitures du fusil, c'est lui encore qui enseigna le placage du bassinet, en platine; c'est encore lui qui apprit aux ouvriers trempeurs à produire la couleur de trempe, et il ne lui a pas moins fallu de trois ans pour faire adopter ce moyen. A d'autres il apprenait à appliquer sur les canons la couleur de rouille. L'impulsion vers les améliorations et les bons principes, une fois donnés, il s'établit, entre les ouvriers, une généreuse rivalité qui a eu les plus heureux résultats, qui a amené les plus heureux effets.

En 1817, M. Cessier enseigna à M. Merley-Duon;
alors cannonier, puis éprouveur à la manufacture d'armes de guerre, l'art de forger les canons *damas frisés*
et, pour mieux l'encourager, M. Cessier payait 180 f.
les canons doubles, tout imparfaits qu'ils devaient être
dans ce début.

En 1819, il exposa à Paris, un magnifique fusil, à
canons *damas frisés*, qui lui valut une mention honorable.
Ce fusil fit le désespoir des arquebusiers de la capitale,
qui comprirent combien il y avait de ressources à Saint-
Etienne, en éléments d'exécution et de prospérité. Cette
arme, exceptés ses canons et sa gravure, avait été exécutée
par cet infatigable et persévérant arquebusier.

A différentes époques, M. Cessier prit des brevets de
perfectionnement pour le fusil que nous avons signalé
à l'article *armes de guerre*, et plus particulièrement en
1855, il prit un brevet d'invention pour un fusil sans platines, s'amorçant pardessous; un mécanisme composé
de cinq pièces remplaçait les platines et les détentes.

Après tant de travaux et de succès, M. Cessier s'est
retiré des affaires, emportant l'estime de ses confrères
et la reconnaissance de ses élèves. Aujourd'hui, sa plus
grande satisfaction, dans sa retraite, est de songer
encore aux services qu'il a rendus au commerce de la
ville de Saint-Etienne, de croire à la reconnaissance du
plus grand nombre, et de gémir sur l'ingratitude de
quelques-uns.

MM. Merley-Tivet et Merley-Duon, à Saint-Etienne,
ont fait faire des progrès à l'armurerie de luxe, par leur
bon goût dans les canons doubles à rubans d'acier, d'une

bonne et solide exécution et d'une régularité parfaite, dans la disposition des lames d'acier. Anciens élèves de M. Cessier, ils travaillaient à coup sûr et d'après les principes enseignés par leur excellent maître.

N'ayant pu obtenir de plus amples renseignements sur la fabrication des armes, nous en clôrons l'article par un extrait de quelques anciens inventaires qui établissent les prix approximatifs des armes, à différentes époques.

			f.	s.
1642.	1	fusil.	2	5
id.	1	id.	1	15
id.	1	id. commun.	1	5
id.	1	paire de pistolets d'arçon.	12	»
1648.	1	bayonnette.	»	3
id.	1	lame d'épée.	»	10
id.	1	fusil commun.	1	5
id.	1	id. fin.	1	15
id.	1	carabine.	5	5
id.	1	arquebuse.	6	10
1656.	1	canon pour fusil de chasse.	5	»
id.	1	fusil monté.	6	»
id.	1	paire de canons pour pistolets d'arçon.	2	»
id.	1	douzaine pistolets à crochet.	21	»
id.	1	id. id. de poche.	18	»
id.	1	id. de platines de fusil.	21	»
id.	1	garde d'épée.	10	»
id.	1	mousqueton.	7	»
id.	1	douzaine bayonnettes.	5	»

INDUSTRIE DE LA SOIE.

§ I. — TIRAGE DE LA SOIE.

Rien n'est plus important que le tirage de la soie; c'est la première transformation qu'elle subit en la devidant du cocon, dont le brin n'est pas encore le fil de soie propre à la fabrication des rubans et autres tissus. Pour l'obtenir, il faut devider ensemble, sur un asple, quatre ou cinq fils de cocon et même plus; c'est ce qu'on appelle tirage.

Il est fâcheux de dire qu'aucun procédé certain n'ait encore été employé pour cette première préparation de la soie, qui est, cependant, la plus importante de toutes.

Malgré cela, nous le disons avec plaisir, il s'est formé quelques filatures, dans notre arrondissement, qui se recommandent par l'emploi des meilleurs procédés connus, la régularité dans l'opération et par la bonté des fils de soie.

Nous citerons, entr'autres, le bel établissement de M. Duval, à Bourg-Argental. Cet habile fileur est parvenu à fournir, au commerce, des soies très unies, presque sans bouchons et par des soins minutieux; elles se devident exemptes des défauts qui les rendent de mauvaise qualité, tels que les mariages, le brûlure, la fumée, le vilage etc. M. Duval a adopté le système de

Gensoult et c'est à cette amélioration qu'il doit la réputation de sa filature qui, malgré sa bonne tenue, peut encore se perfectionner, puisqu'il est reconnu que l'expérience n'a point assez sanctionné l'invention de Gensoult, qui est, cependant, la meilleure connue jusqu'à ce jour.

§ II. — MOULINAGE ET APPRÊT DES SOIES.

Quand la soie est devidée du cocon, elle reçoit de nouvelles préparations qu'on appelle ouvraison ou moulinage.

Les trames ne reçoivent au moulinage qu'un seul apprêt, c'est-à-dire qu'on réunit deux ou trois bouts de soie grège que l'on tord ensemble.

L'organsin est formé de deux fils à 4, 5 ou 6 cocons; on donne à chacun, séparément, un tordage, après quoi l'on joint les deux bouts que l'on tord de nouveau l'un après l'autre, et l'opération se termine en les montant sur un guindre.

Le premier établissement de ce genre, formé dans les limites de l'arrondissement, le fut par un Bolonnais nommé Gayoti, vers le milieu du XVIIe siècle. Afin d'échapper aux recherches et à la vengeance de ses compatriotes, Gayoti avait caché sa fabrique dans les gorges du Gier, à Luzerneau ; ce qui ne l'empêcha pas d'être pendu en effigie, quand les Bolonais surent que leur concitoyen avait passé en France, avec des ouvriers et des moulins à soie.

Quelques années plus tard, la France lui accorda des

lettres de noblesse; il fit fortune et enrichit notre commerce. Sa famille s'est éteinte de nos jours , dans la
personne de M. Pierre Gayot, dont la fille avait épousé
M. Charles Montagnier, à Saint-Chamond.

En 1684, il se forma à Virieu (canton de Pélussin),
une autre fabrique pour le moulinage des soies ; Pierre
Benay, qui en était le fondateur, venait aussi de Bolo-
gne. Il fut bien accueilli par Claude de l'Etang de Gro-
lier, baron de Malleval et seigneur de Virieu, qui, pour
l'encourager, lui abénévisa, gratuitement, les eaux du
grand réservoir qui servait de fossé à son château.

Pierre Benay fut aussi pendu en effigie, par ses concitoyens ; mais en même temps Louis XIV lui conférait
les titres de noblesse. Les priviléges et la fortune furent
le prix de son travail et de son génie, et, à sa mort, il
put bien léguer à son fils et la fortune et les titres, mais
il ne put lui transmettre sa noble intelligence. L'héritier,
peu soucieux de la gloire de son père, se ruina; il ne
sut pas même conserver ce qui lui avait valu sa brillante position. Il la vendit à M. Julien, dont un des descendants en est aujourd'hui le possesseur.

Cette industrie fit de rapides progrès et l'on put bientôt compter de nombreux établissements de ce genre à
Saint-Chamond, à Pélussin et à Bourg-Argental, et
cependant on peut dire qu'elle est restée stationnaire,
ou à peu près, depuis son origine jusqu'à nos jours.
Malgré cela, nous avons d'utiles tentatives à signaler ,
des noms honorables à citer.

M. Joseph Corrompt, à Saint-Julien-Molin-Molette,
canton de Bourg-Argental, se fait remarquer par ses
beaux moulinages et les perfections qu'il ne cesse

d'apporter à son industrie. Ce n'est pas sans intérêt que l'on remarque les efforts de cette famille pour donner de l'extension au moulinage des soies. En 1766, il n'existait, à Saint-Julien, que deux moulins à soie, d'une médiocre importance; un habile mécanicien, François Corrompt, en éleva un troisième; en 1786, Joseph Corrompt, son fils, en construisit deux nouveaux, avec une fabrique pour le tissage des crèpes. Les autres membres de cette honorable famille se trouvent tous à la tête de quelques moulinages, dont ils tiennent à Saint-Julien, la presque totalité. On ne saurait méconnaître les services rendus, par cette industrie, à la population de cette localité dont le sol ingrat refuse ses produits à l'agriculture, quels que soient ses efforts. En 1766, Saint-Julien ne comptait que 400 habitants; ce chiffre a triplé depuis, c'est une preuve des ressources qu'ils trouvent dans les fabriques de MM. Corrompt.

M. Aubin Donzel, à Saint-Pierre-de-Bœuf, canton de Pélussin, possède des moulins à soie qui produisent des qualités de premier choix. M. Donzel étudie son art, et chaque jour sa fabrique reçoit de nouvelles améliorations.

M. Marchand, également de Saint-Pierre-de-Bœuf, a ance de pair, avec M. Donzel, dans la voie des améliorations.

MM. Richard, à Saint-Chamond, qui se sont fait une si haute réputation, comme fabricants de lacets, possèdent aussi des moulins à soie à Izieu, siège de leur industrie. Ils ont été les premiers à régénérer le moulinage, cette préparation de la soie si nécessaire pour la bonne fabrication des étoffes

En 1855, ou environ, ils importèrent d'Angleterre de nouvelles machines à organsiner, et depuis cette époque ils n'ont eu qu'à se féliciter de ces innovations, qui leur ont procuré des soies plus parfaites dans leurs ouvraisons et une grande économie de temps, puisque les fuseaux de ces nouveaux moulins font 5,000 tours par minute, tandis que les anciens n'en faisaient que 800 ou 1,000 au plus.

En terminant cet article, nous devons parler de MM. Chardon frères, mécaniciens à Virieu, point central des fabriques à soie de l'arrondisement. De leurs ateliers sortent les machines les mieux perfectionnées pour tout ce qui regarde les diverses préparations de la soie, avant d'être livrée au commerce. Leur réputation est si bien établie, que l'Espagne a souvent recours à leurs talents et que, chaque année, ils expédient, pour la péninsule, un grand nombre de mécaniques diverses.

§ III. — TISSAGE DES RUBANS.

Nous avons déjà dit notre sentiment sur l'ancienneté que certains chroniqueurs attribuent à l'industrie rubanière à Saint-Etienne. Nous ne dirons plus rien sur cette origine fabuleuse qui daterait de huit siècles et demi ; seulement, nous insisterons sur le millésime de 1515, que porte le terrier de Saint-Etienne, il a surabondamment analysé cette époque, sans désigner un seul tissutier qui habitât cette ville ou ses environs.

On ne peut douter que cette industrie ne fût connue en France depuis bien des siècles. Mais on ne pourrait affirmer qu'elle remontât bien au-delà du règne de Saint-Louis, époque où les statuts des *dorelotiers* (ouvriers de tissus de soie), furent consignés, par Etienne Boileau, prévôt de Paris, dans les fameux registres des *métiers et marchandises de la ville de Paris,*

Les merciers, dans ces temps reculés, s'étaient emparés du commerce de la soierie, parce qu'eux seuls tenaient les articles de parure. On achetait chez eux les parfums, les arômes et une foule d'instruments, d'outils, d'objets de luxe et de nécessité, enfin tout ce qui convenait aux habitudes d'alors.

Pour se procurer des rubans, ils faisaient venir les soies de l'étranger, qu'ils livraient aux fileresses, *au grand ou au petit fuseau,* pour les apprêter ; après quoi ils les remettaient aux ouvriers *de la petite navette,* qui prenaient aussi la qualité de *tissutiers rubaniers.* Les ouvriers en drap d'or, d'argent et de soie se nommaient *ouvriers de la grande navette.*

On ne saurait croire à quelles soustractions ruineuses ces malheureux merciers étaient journellement exposés de la part des ouvrières *fileresses.* A cette époque de mœurs simples et de piété religieuse, elles ne se faisaient aucun scrupule de vendre ou d'engager les soies qu'elles recevaient des merciers, aux juifs ou aux Lombards ; à tel point que, par de nouvelles ordonnances, le prévôt fut obligé de menacer la classe démoralisée des fileuses, du bannissement ou de l'exposition au pilori, si elles continuaient de vendre ou d'engager la soie confiée par les merciers, ou si elles la changeaient contre de la bourre qu'elles rendaient filée et ouvrée

Les statuts des ouvriers rubaniers furent modifiés par Charles IV, Louis XII, Henry IV, et Louis XIII. Il y avait dans cette confrérie quatre jurés chargés de faire observer la discipline de la corporation, surtout en ce qui regardait les futurs ouvriers. L'apprentissage devait durer quatre ans et le compagnonage autant. Après ces huit années de service, l'ouvrier devait, pour être reçu maître, faire un chef-d'œuvre de rubanerie, ce qui le faisait admettre dans la communauté, qui ne comptait pas moins de 700 maîtres à Paris.

Il est probable que l'art du tissage à Saint-Chamond était inconnu avant l'établissement de la manufacture lyonnaise, par Louis XI, en 1466; mais il est à croire que cette ville profita de ce précieux voisinage, pour attirer à elle une industrie qui a fait sa fortune. L'on assure que le premier métier de basse-lice y fut importé de Lyon en l'année 1500 ou environ, temps où vivait Yves d'Urgel, seigneur de Saint-Chamond, qui favorisa de tout son pouvoir cette nouvelle industrie; parce qu'elle promettait à ses descendants de plus fortes tailles à lever.

Saint-Etienne ne tarda pas à imiter la ville de Saint-Chamond, mais on ignore le nom de celui qui, le premier, y fabriqua des rubans. Cependant, si l'on veut s'en rapporter à l'autorité de M. Colomb, inspecteur de la manufacture d'armes de guerre avant la révolution, qui a fait de grandes recherches sur l'industrie stéphanoise, on apprendra que les premiers métiers furent placés dans une maison du quartier du Mont-d'Or : mais il ne dit pas en quelle année.

58

Les progrès que cette ville, éminemment industrieuse,
eut bientôt à signaler dans cette nouvelle voie de prospérité, prouvent que ses essais furent heureux et qu'une
partie de sa population s'y appliqua avec succès, car
en 1605, les tissutiers formèrent, dans l'église de Saint-
Étienne, une confrérie, avec une constitution de 14 f.
de rente.

En 1680, le nombre des métiers de rubans devait
s'être accru considérablement, puisque le poète stéphanois, l'abbé Chapelon se plaint dans ses vers du
bruit qui se faisait autour de lui et surtout du chant des
rubanières (1).

A cette époque on comptait déjà 10,000 métiers, à
une pièce, à haute ou à basse-lice. Le métier à basse-lice
ressemblait, mais dans des proportions bien moindres,
à celui dont se servent les tisserands, et ne pouvait servir à fabriquer que des rubans unis ou à petits effets
de dessin. Celui de haute-lice était destiné à la fabrication des rubans à grands dessins et compliqués et on
n'en employa pas d'autre jusqu'à la fin du XVIIe siècle.

L'industrie rubanière qui était restée stationnaire
jusqu'à 1757, sortit enfin des langes de la routine, har-
celée qu'elle était par la concurrence étrangère, qu'avait
provoquée la révocation de l'édit de Nantes.

Lyon, Nîmes et Avignon eurent beaucoup à souffrir
de l'expulsion des protestants, qui s'y trouvaient en

(1) « Peu sen lou grand trafic dos allants dos venants.
. . . .
« Sins essubla lous airs de quauque ribandeyres
« Que feziant qu'on n'au aucun mouyen de leyre,
. . . .

grand nombre et qui portèrent en Suisse, en Allemagne, en Angleterre et ailleurs, l'industrie qui faisait la richesse de leur pays. Et quoiqu'il n'y eut à Saint-Etienne et à Saint-Chamond, que peu de personnes sujettes au bannissement ordonné par l'édit, ces deux villes n'en eurent pas moins à subir les effets de la concurrence des fabriques étrangères. Dès cette époque, elles employèrent, pour la fabrication des tissus, des procédés qui nous ont été inconus pendant longtemps.

La Suisse et l'Autriche se servaient de métiers mécaniques qui mettaient nos fabriques au défi. Le commerce de Saint-Etienne et de Saint-Chamond se préoccupa vivement de cette étrange situation ; alors quelques hommes entreprenants et courageux se chargèrent de rétablir l'équilibre qui n'existait plus.

La maison Dugas, de Saint-Chamond, fut la première qui importa de la Suisse les métiers dits à la Zurichoise, au moyen desquels un seul ouvrier fabriquait trente pièces à la fois, ou moins, suivant les largeurs. Cet établissement se fit en 1750, dans le bourg d'Izieu près Saint-Chamond et ne se composa d'abord que de trois métiers.

Quoique, dès le principe, cette fabrique n'eut employé que des ouvriers suisses, ses tentatives furent infructueuses et après bien des essais décourageants, elle parut renoncer à ce mode de fabrication.

En 1752, M. Lacour, fabricant de rubans à Saint-Etienne, croyant devoir être plus heureux que la maison Dugas, se procura un métier de 24 pièces, sur lequel il fit d'inutiles essais ; mais reconnaissant l'impuissance de ses efforts, il abandonna le métier qui ne pouvait être utilisé.

En 1754, la maison Dugas, qui s'était procuré d'habiles ouvriers suisses, fit de nouveaux essais que le succès couronna parfaitement. Les métiers de ces célèbres fabricants se trouvèrent alors en état de fonctionner, avec autant de perfection que ceux de Suisse.

En 1758, M. Lacour aiguillonné par les résultats qu'avait eu la persévérance de MM. Dugas, fit un voyage en Suisse, pour choisir lui-même un ouvrier capable de le seconder dans sa persévérante intention, et il amena Frédéric Hauzer. L'habile ouvrier monta, simultanément, trois métiers, qui, en peu de temps, se trouvèrent en état de fournir des rubans aussi parfaits que ceux qui se fabriquaient à Saint-Chamond ; il les surpassa même dans la suite, par les améliorations successives qu'il sut apporter dans sa fabrique.

Honneur à ces deux fabricants qui, seuls parmi les autres de cette époque, n'ont pas reculé, pour soutenir notre commerce, devant les dépenses et les incertitudes d'une entreprise qui devait nous être si profitable plus tard.

En 1769, le gouvernement, qui avait compris toute l'importance de ce nouveau mode de fabrication, accorda une prime de 70 f. pour chaque métier importé. MM. Salichon et Thiollière de la Réardière furent, à Saint-Etienne, les premiers qui profitèrent de cet encouragement ; le même Frédéric Hauzer qui avait monté les métiers de M. Lacour, donna ses soins à ces nouvelles machines. On ne put d'abord obtenir de ces métiers que des ouvrages étroits et peu compliqués, tels que les passefins à deux lices et les rubans à trois lices dits Anglais.

Environ l'année 1780, on essaya, à Saint-Etienne, de fabriquer le ruban satin sur les métiers à la Zurichoise, qui avaient déjà reçu le nom de métier à la barre, à cause du moteur dont se sert l'ouvrier pour les mettre en mouvement. Nous ignorons quelle fut la maison de commerce qui, la première, fabriqua des satins, on sait seulement que ce fut Hauzer qui en tissa le premier, et qu'il forma d'habiles ouvriers dans ce genre;

En 1785, M. Lacour, aidé de Georges Hauzer, frère, sans doute, de Frédéric, fut le premier qui tissa des rubans façonnés, sur les métiers à la barre. Ce ne fut d'abord, que des dessins grossiers et peu compliqués, mais enfin le moyen de les produire était trouvé, et en peu de temps il atteignit le perfectionnement dont il était susceptible.

Avant 1789, on comptait à Saint-Etienne 30 fabricants de rubans, dont les plus considérables étaient M. Lacour, que nous citons le premier comme s'étant plus distingué que les autres, par sa persévérance à chercher les améliorations; viennent ensuite MM. Neyron, Thiollière-Delisle, Praire, Vincent de Soleymieux, Neyron de Roche, commanditaire de M. Gallet. Alors il n'était pas nécessaire de fabriquer beaucoup pour réaliser des bénéfices qui s'élevaient approximativement à 40 p. 100, sur la simple fabrication des passefins, bourdalous, padous, glacés anglais, faveurs, prétentions, etc. De ces différents magasins sortaient aussi quelques rubans satins damassés, doubletés ou brochés à fils d'or et d'argent ; mais ces qualités ne se confectionnaient que dans les campagnes, à Saint-Didier (Haute-Loire), principalement. Ces maisons, à qui 8,000 fr. au plus, pour chacune avaient suffi pour établir leur commerce, pouvaient cependant, l'un portant l'autre, et annuellement, fabriquer pour 100,000 f. de rubans. soit 5,000,000 fr., la matière première y entrant pour les deux tiers.

En 1793. après le siége de Lyon, M. Thiollière-Duchamp apporta, à Saint-Etienne, deux métiers propres à la fabrication des rubans velours. On est fondé à croire qu'à l'introduction de ces métiers, dans notre fabrique, ce genre de tissu s'exécutait à l'instar de celui de Creweld, dont le poil, qui n'était pas solidement enlacé, s'arrachait facilement. M. Faure, fabricant distingué de notre ville, trouva le moyen de fixer le poil d'une manière solide; pour cela il l'enlaça de quatre coups de trame, ce qui fit donner à ces velours le nom de *velours à quatre planches*, perfectionnement qui les rendit bien supérieurs aux premiers.

En 1799, cette industrie avait déjà acquis une grande importance et elle s'est soutenue avec avantage dans les magasins de MM. Gaspard-Forest père et fils, et de M. David, neveu de M. Thiollière-Duchamp, qui continuent cette fabrication avec le plus grand succès.

En 1808, un ouvrier passementier de Saint-Etienne, nommé Barlet, est le premier qui ait ... fit rouvoir les métiers ...

quer les rubans façonnés. Cette mécanique, qui a beaucoup de rapport avec celle inventée par le célèbre Vau-
canson, reçut, dans notre ville, le nom de *métier à la
Barlet*.

Lyon venait d'adapter à ses métiers la nouvelle mécanique de Jacquard. Plusieurs fabricants de Saint-
Etienne ne restèrent pas indifférents aux avantages
qu'offrait le nouveau procédé, pour obtenir des dessins
qui n'avaient point de limites dans les détails, dans
l'ensemble et surtout dans la dimension. Mais les métiers *à la barre* plus compliqués que ceux dont se servent
les ouvriers en étoffes de soie, présentaient, dans l'application du nouveau mécanisme, des difficultés qui,
pendant longtemps, ont été regardées comme insurmontables, et de 1810 à 1815, on ne fit que d'infructueuses
tentatives. Cependant, en 1815, M. Robin, de concert
avec M. Hippolyte Royet, fit un voyage à Lyon, dans
l'intention d'étudier l'important mécanisme que l'on
tenait soigneusement caché. M. Robin parvint, cependant, à voir un de ces métiers, qu'il examina avec la
plus scrupuleuse attention, qu'il analysa dans ses moindres détails; et son étude achevée, il revint à Saint-Etienne
où, de réminiscence, il en exécuta un semblable. Ce
premier essai n'eut pas d'heureux résultats, malgré le
zèle que déploya M. Royet et les dépenses pécuniaires
qu'il fit à cette occasion. La reconnaissance publique a
tenu compte à M. Royet de ses persévérants efforts et
il aura toujours le mérite de s'être jeté, le premier,
dans cette voie d'amélioration. Au reste, ce n'est pas
à cet unique essai que se borna la généreuse ambition

de cet honorable fabricant. Son nom se rattache inces-
samment à la fabrication des rubans, et on le voit, pendant tout le temps qu'il donna ses soins aux affaires
publiques, occupé d'améliorer l'industrie rubannière,
en encourageant les hommes spéciaux qui se vouaient
au progrès. Toujours et partout, M. Royet a prodigué
son intelligence et son repos; et ce qui est peut-être
plus honorable encore, il n'a point épargné sa fortune
pour la prospérité publique.

Vers la même époque, ou un peu plus tard, Antoine
Bégon, simple ouvrier passementier, fut celui qui parvint, à force de persévérance et de travail, à adapter,
d'une manière utile, la mécanique de Jacquard aux métiers *à la barre*; mais son métier mal organisé ne put
fonctionner avec succès.

Ce ne fut réellement qu'en 1818, que l'on parvint à
obtenir quelques résultats, et les années suivantes offri-
rent d'incontestables avantages, surtout par l'addition
des battants à procédés qui permirent de diriger les navettes d'une manière sûre et précise.

La mécanique de Jacquard n'est pas le seul perfectionnement dont la fabrique des rubans ait été susceptible; ce qui le prouve, c'est que les rivaux de l'industrie
stéphanoise usent de moyens qui nous sont inconnus,
que nous négligeons trop, ou plutôt que nous dédai-
gnons inconsidérément (¹).

Si notre commerce se croit à l'abri de la concurrence,

(¹) Etudier l'ourdissage anglais.

en opposant la richesse, le bon goût et le fini de ses produits façonnés, il n'en est pas de même pour les tissus unis, dont on lui conteste la supériorité. Ailleurs l'emploi des procédés mécaniques pour le devidage, l'ourdissage et le tissage, offrent des avantages que nous nous efforçons de méconnaître; mais prenons y garde, la parcimonie que la plupart d'entre nous affectent, quant il s'agit de propager les moyens accélérés et économiques, nous porte à nous fier à nos vieilles routines, qui ne manqueront pas de nous devenir funestes.

L'application de la vapeur pour la fabrication des rubans, c'est-à-dire employée comme moteur, paraît être un des moyens économiques auquel on doit plus particulièrement s'attacher. Plusieurs fabricants l'ont compris, ils le comprennent encore; mais aucun ne veut tenter un essai qui peut devenir dispendieux, ruineux même, pour un seul. Mais alors faites à frais communs ce qu'il est nécessaire de faire et quand vous serez sûrs des moyens, vous quitterez l'ornière commune que vous suivez (¹) pour marcher dans la large voie que vous ont tracée les Anglais qui tirent un si grand avantage de la force de la vapeur appliquée aux métiers à tisser et autres.

Peut-être que nos manufacturiers sont encore effrayés du premier essai de ce genre qui se fit si malheureusement par l'un d'eux et qui entraîna sa chûte. Nous

____

(1) Pour y parvenir, il faudrait concentrer les ouvriers dans de grands ateliers, comme on le fait en Suisse, en Angleterre et ailleurs.

voulons parler de M. de Chazelles qui, en 1829, de concert avec un homme de mérite, établit à Bourg-Argental une fabrique de rubans, dont les métiers devaient être mus par des roues hydrauliques ou des appareils à vapeur. Cet établissement ne put se soutenir, nous n'en dirons point les causes ; seulement il nous est permis de signaler cette tentative qui offrait une grande amélioration à l'industrie rubanière, une économie incontestable, et malgré les avantages qu'on peut en tirer, on n'a plus rien tenté depuis à ce sujet. (1)

M. de Chazelles est un des fabricants dont le nom s'est attaché à la fabrication des rubans, à Saint-Etienne, comme ayant travaillé à améliorer et à perfectionner cette riche et magnifique industrie, dont les produits dépassent aujourd'hui 40,000,000 de francs.

En 1815, M. Bancel, célèbre fabricant de rubans, à Saint-Chamond, inventa un nouveau tissu auquel on donna le nom de *ruban gaze* ou *marabout*. Le fil de soie, employé à ce nouveau genre de tissu, s'obtenait en le faisant mouliner à 16 tors au centimètre, après avoir reçu la teinture. Le même fil qui avait reçu 5 tors, au centimètre, en comptait alors vingt ou vingt-un et lui donnaient toute la crudité et la raideur nécessaires pour produire le ruban dont la mode s'empara à sa naissance et qu'elle a préféré pendant bien longtemps, et dont le goût fut si général que les fabricants qui s'y

(1) M. Vignat n'a pas craint de renouveller un essai qui avait été désastreux ; il vient d'établir à Bourg-Argental une fabrique de rubans dont les métiers fonctionnent au moyen d'une roue hydraulique, et, ses rubans seront opposés à la concurrence suisse.

adonnèrent, firent de grandes fortunes de 1824 à 1830.

Cette brillante découverte , qui causa une véritable révolution dans la rubanerie, mérita à son auteur la décoration de la Légion-d'Honneur, qu'il reçut en 1832.

Rien n'est beau en effet comme le ruban de gaze découpé, et M. Bancel s'appliqua toujours à perfectionner sa découverte. A l'exposition des produits de l'industrie en 1834, il produisit des rubans gaze découpés, dont les fleurs étaient entourées d'un liseré noir, qu'on appliquait, après le tissage, avec le pinceau ; ce qui donnait plus de relief au dessin.

Après avoir rempli, honorablement et avec bonheur sa tâche glorieuse, M. Bancel mourut en 1842.

A ces noms recommandables, que nous venons de citer, viennent se joindre d'autres réputations non moins glorieuses.

M. Baralon s'est acquis un renom justement mérité dans la fabrication des rubans en soie grège tissés avant la teinture. C'est en 1836, qu'il établit sa fabrication de rubans façonnés d'après son système. Par cet ingénieux procédé, le ruban n'a pas à subir le maniement réitéré des ouvriers qui le ternissent toujours plus ou moins. M. Baralon reçoit de la teinture ses rubans qui ont tout l'éclat qu'il est possible de leur donner, et cette belle innovation fut un progrès immense qui ne tarda pas à être mis à profit par la Suisse. Mais notre ingénieux fabricant n'en resta pas là; son esprit inventif trouva un autre moyen qui déconcerta la concurrence. Ce fut alors que parurent les rubans ombrés avec autant de perfection que si chaque fil eut été teint séparément, et la dégradation du clair à l'obscur est parfaitement fondue et ne laisse rien à désirer. Plus tard encore, il y joignit l'impression par les moyens ordinaires, ou en employant des cylindres pour reproduire les effets de la taille douce. Cet honorable fabricant qui avait pris en 1859 un brevet d'invention pour son nouveau genre de teinture, mérite des éloges pour les efforts qu'il a toujours faits pour repousser la concurrence étrangère, et l'on a lieu d'espérer qu'il ne s'en tiendra pas là.

Les produits de la maison Colcombet, à Saint-Etienne, se sont toujours fait remarquer par le choix des matières, la perfection du tissu et des apprêts et par le grand éclat des couleurs. Comme elle a toujours tendu au progrès, elle est une de celles qui n'ont jamais ressenti les atteintes de la concurrence.

MM. Dugas à Saint-Chamond. Cette maison, la plus importante de toutes celles qui se sont adonnées au commerce des rubans, n'a pas besoin d'éloge; elle mérite plus que des louanges, si l'on considère les immenses travaux auxquels elle s'est livrée depuis son origine commerciale, qui date de plus d'un siècle et demi, si l'on se souvient du grand nombre de maisons commerciales dont elle a été l'origine et de la quantité d'ouvriers à qui elle a procuré le bien-être. Elle fut en un mot, le plus ferme appui de cette industrie, par l'étendue de sa fabrication et sa haute intelligence dans les affaires.

MM. Faure frères à Saint-Etienne. Cette maison occupe un des premiers rangs parmi les fabricants de rubans et ses produits ont toujours joui de la plus grande faveur, n'ayant toujours été destinés que pour le plus grand luxe. Une des premières, elle a employé les *battants brocheurs* au moyen desquels on obtient les plus riches effets de dessin et les plus beaux contrastes de couleurs. Elle est une de celles qui ont bien mérité du pays, pour les services qu'elle a rendus au commerce.

M. Giraud, à Saint-Etienne, était fabricant de rubans. En 1822, il eut l'idée de faire tisser des rubans satins en soie grège et de les faire teindre en pièces, d'après un procédé qu'il avait inventé. Ses essais eurent les plus heureux résultats et une fois sûr des moyens, il céda sa précieuse invention à MM. Balay, en se réservant le privilége exclusif de teindre les produits fabriqués par cette maison. Cet arrangement a été profitable à tous et, de fabricant, M. Giraud se fit teinturier pour mieux soigner son invention et y apporter des améliorations, s'il était possible d'en apporter davantage. Les services rendus à l'industrie par M. Giraud sont incalculables ; il a droit à la reconnaissance publique pour l'immense pas qu'il a fait faire à l'industrie rubanière. M. Giraud mériterait un éloge tout particulier, qu'il nous est impossible de placer dans le cadre étroit qui nous est tracé ; nous y reviendrons plus tard.

M. Hippolyte Royet, à Saint-Etienne. Il y a tant et de si belles choses à dire sur cet ancien fabricant que nous nous trouvons embarrassé pour énumérer tous les services qu'il a rendus au commerce des rubans. Un simple article ne saurait contenir toute cette vie si bien remplie, et qui appartient dès à présent à l'histoire de la ville de Saint-Etienne.

M. Tézenas du Moncel, à Saint-Etienne, a toujours marché dans la voie du progrès pour les perfectionnements de l'industrie rubanière, et les tissus qui sortent de ses magasins se sont toujours fait remarquer par la bonne exécution , la variété des dessins et les belles nuances des couleurs.

M. Vignat-Chovet et nous pouvons dire M. Poral, à Saint-Etienne. Cette maison s'est surtout fait remarquer par ses rubans pour chapeaux et pour ceintures. Dans les derniers surtout, nulle autre maison n'y a mis autant de perfection, de goût et de variété. Les caprices de la mode ont fait abandonner. momentanément, cet article, mais M. Vignat était trop habile pour se trouver embarrassé dans ce changement. Il a porté ses talents sur la fabrication des rubans plus larges pour chapeaux, de nouveaux succès plus éclatants encore ont récompensé ses efforts, c'est lui qui le premier a produit ces riches rubans chinés qui ont fait l'admiration des consommateurs français et étrangers.

Les rubans-taffetas imprimés sur chaîne avant le tissage ont fixé l'attention à l'exposition de 1834. Ce genre de tissage présentait de grandes difficultés d'exécution, tous les fils devant conserver pendant le travail leur position relative indiquée par le dessin Ces rubans qui n'ont pas d'envers, sont par là supérieurs aux rubans imprimés. M. Vignat s'est rendu célèbre, dans la fabrication des rubans, par ses produits remarquables, leur force, la variété des couleurs, la beauté des dessins et le fini de l'exécution. ce qui les a toujours fait rechercher par le goût élégant de Paris.

En 1854, M. Vignat obtint la médaille d'argent à l'exposition des produits de l'industrie française, et en 1839 il obtint la médaille d'or, première récompense.

Pour ne point rester au-dessous des éloges que mérite M. Vignat et pour être plus juste, nous avons reproduit les rapports du jury de ces deux époques ; c'était le plus sûr moyen de rendre hommage à la haute réputation de l'honorable industriel.

Ici se terminera cette notice historique et cette nomenclature d'hommes remarquables dans l'industrie rubannière ; si nous avons omis quelques faits intéressants, quelques noms à citer, les renseignements nous ont manqué et nous croyons avoir consciencieusement rempli notre tâche.

§ IV. — APPRÊT DES RUBANS. — CYLINDRAGE. — GAUFRAGE.

Autrefois on livrait au commerce les rubans sans aucun apprêt et tels qu'ils sortaient des mains de l'ouvrier. On n'avait point encore trouvé le procédé de leur donner, au moyen de la gomme ou de la gélatine, cette fermeté qui non-seulement remet et maintient les fils à leur place, mais qui donne encore un nouvel éclat aux couleurs.

Le procédé dont il s'agit est tout anglais, il fut apporté à Saint-Etienne par le Lyonnais Lacalle, qui monta, en 1796, le premier atelier de cylindrage. M. Doguet, de Saint-Etienne, s'associa à l'entreprise du sieur Lacolle, qui procura d'abord de grands bénéfices, en même temps que cet ingénieux procédé donna un nouvel essort à notre commerce.

L'apprêt des rubans fit ici de rapides progrès, mais parmi ceux qui s'adonnèrent à cette nouvelle industrie et à qui l'on donna le nom de cylindreurs, nous remarquerons M. Robin, à qui nous devons le cylindrage au moyen des rouleaux chauffés.

Le gaufrage est un procédé par lequel on figure des dessins sur un ruban uni, avec des rouleaux gravés.

Ce fut un nommé Chandelier, rubanier à Paris, qui, las de gaufrer ses rubans en y appliquant, comme ses confrères, des plaques d'acier sur lesquelles étaient gravées divers ornements, imagina une espèce de laminoir qui laissait à ses rubans des empreintes régulières et sans reprises. Chandelier reçut la récompense due à son génie; les rubans graufrés firent sa fortune.

Ce procédé ne tarda pas à s'introduire à Saint-Etienne et ce fut vers 1740, dit-on, que les premiers essais en furent faits. On ne cite pas le nom de l'auteur de cette belle importation; ce qu'on sait le mieux, c'est que, vers l'année 1794, un nommé Gingenne fut le premier qui fit des gaufrés en grain ou avec un fond, ce qu'on appelait dessins plats.

M. Robin, que nous avons déjà cité, fut le premier qui imagina les rouleaux ciselés en creux et en relief, qui produisirent le véritable gaufré qui a été la source de la fortune de quelques maisons qui fabriquaient à Saint-Etienne le genre de rubans dits *glacés anglais*.

FABRICATION DES LACETS.

L'histoire de l'industrie des lacets, se résume dans la biographie d'un seul homme que son génie et son intelligence placent bien haut parmi les êtres privilégiés. Tenterons-nous d'esquisser cette vie laborieuse et si pleine de succès, oserons-nous faire le portrait de M. Richard-Chambovet ? non, c'est à son fils, M. Ennemond Richard, que nous nous adresserons pour obtenir d'aussi précieux détails, d'aussi importants renseignements ; écoutons le pieux récit de M. Richard.

« Mon père est né en 1772, à Bourg-Argental, arrondissement de Saint Etienne. Il fit un apprentissage, comme moulinier, en 1790 et 1791, puis il se plaça chez un fabricant de rubans à Saint Etienne, d'où il sortit en 1793, époque du siège de Lyon et s'enferma dans ses murs pour la défense de cette ville. En 1796, il vint se fixer à Saint-Chamond, où, après bien des tribulations, il se fit fabricant de rubans-padous. Les événements politiques de ce temps vinrent paralyser son commerce ; il se prit alors à confectionner des soies à coudre, industrie que la jalousie de quelques fabricants lyonnais lui enleva presque aussitôt (1804) ; mais plus la fortune se montrait cruelle envers lui, plus son esprit actif cherchait les moyens pour la fléchir ou pour la vaincre.

« Un renseignement fortuit lui avait appris que, dans le duché de Berg, on fabriquait des lacets au moyen de certains métiers qu'une seule personne faisait mouvoir et que, chaque jour, chacun d'eux produisait une centaine d'aunes de lacets.

« En 1807, ses affaires l'appelèrent à Paris. Il y vit M. Montgolfier, directeur du Conservatoire des arts et métiers, à qui il demanda s'il existait des métiers de lacets à Paris, et comment on pourrait s'en procurer.

« M. Mongolfier lui apprit que, sur le modèle de ceux du Conservatoire, on en avait fait construire pour occuper les enfants d'une maison de charité. que cet essai n'ayant pas réussi, les métiers avaient été vendus. Sur ces indications, M. Richard se mit en quête et parvint à en découvrir trois chez un marchand de bric-à-brac, qu'il acheta aussitôt.

« C'est avec ces trois métiers qu'il fondât la plus belle industrie qui existe aujourd'hui à Saint-Chamond. Plus tard il y joignit sept autres métiers, puis en 1809, il augmenta ce nombre de dix nouveaux métiers, ce qui en porta le nombre à vingt, dont deux seulement à 21 fuseaux et deux à 25 ; les autres étaient de 9, 15 et 17 fuseaux. En 1810, il ajouta encore trente-sept métiers à sa fabrique ; en 1811 vingt-sept autres, en tout quatre-vingt-deux métiers qui lui avaient coûté 21,000 fr. M. Richard ne s'arrêta pas là, ses affaires prospéraient, grâce à son activité et à la sévère écono-mie qu'il apportait dans sa maison, il put encore en 1815 augmenter sa fabrique de soixante et dix nou-veaux métiers.

« Une chûte d'eau avait, jusques-là, servi à faire mouvoir cette fabrique ; mais elle devenait insuffisante

pour une nouvelle augmentation de métiers. Alors
M. Richard eut recours à une machine à vapeur, de la
force de douze chevaux, qui mettait en mouvement
240 métiers à lacets, offrant une résistance de 1,200
kilog., parcourant 60 mètres à la minute.

« En 1824, cette fabrique se composait de 500 métiers, soit 8,000 fuseaux produisant 60,000 mètres de
lacets par jour. »

Tant de prospérité éveilla bientôt des ambitions fa-
ciles à comprendre et plusieurs concurrents se jetèrent
dans la voie que M. Richard avait péniblement frayée.

Aujourd'hui cette importante fabrique a pour chefs
MM. Richard frères, à qui notre arrondissement doit
beaucoup pour les services qu'ils ont rendus au commerce, en améliorant l'industrie des lacets et en trouvant les moyens de lui donner une grande extension.
En 1859, ils obtinrent la médaille d'argent pour prix
de tant d'efforts et pour avoir surpassé, dans ce genre,
les produits que l'Allemagne nous fournissait auparavant.

§ I. — Mécaniciens, inventeurs et autres qui
ont apporté des améliorations dans les
métiers a tisser.

Boivin, à Saint-Etienne, a rendu un grand service à
la fabrique des rubans en remplaçant le fer et l'acier
qui entraient dans le mécanisme des battants de métiers,
par le cuir bouilli dont il fabriquait ses pignons et ses

crémaillères, ce qui en rendait le mouvement très doux et très uniforme ; si ce n'est la matière, tout le système est celui de M. Reverchon.

C'est encore à cet ingénieux mécanicien que nous sommes redevables des battants brocheurs à plusieurs navettes. Rien n'est plus riche, de meilleur goût et d'un aussi bel effet que les produits obtenus par cet ingénieux procédé.

Ces battants ont l'immense avantage de fournir le moyen de fabriquer, sur le métier *à la barre*, à plusieurs pièces, ce que l'on ne pouvait fabriquer auparavant que sur les métiers à une pièce.

C'est encore Boivin qui a trouvé le pas ouvert des métiers à Jacquard et plusieurs autres procédés qu'il serait trop long d'énumérer.

Boivin était un mécanicien du plus grand mérite, qui a rendu les plus éminents services à notre fabrique, que des essais continuels ont tenu dans la gêne et qui, pour y échapper, a été forcé de s'expatrier et de se réfugier en Amérique, où il est mort de la manière la plus cruelle, car on assure qu'il a été dévoré par un jaguar. Nous souhaitons que notre commerce n'ait pas à se repentir de l'avoir si peu secondé, quand il s'était si généreusement sacrifié à l'industrie.

En dernier lieu, l'imagination inventive de Boivin s'était porté sur les appareils à gaz. Il est l'inventeur d'un régulateur qui ne laisse échapper du bec qu'autant de gaz qu'exige la combustion et suivant le volume convenu, sans qu'il s'en perde la moindre partie. Les nombreuses expériences faites à l'usine de la Terrasse, en présence d'hommes compétents, ont constaté les meilleurs résultats.

Boivin a réuni toutes les conditions nécessaires pour mériter la reconnaissance de sa patrie ; mais ce qui est encore plus glorieux pour lui, c'est qu'il a constamment résisté aux séductions des offres brillantes que lui faisait l'étranger jaloux de nos succès industriels.

Pour compléter cet article, nous donnons la liste des brevets d'invention pris par cet habile mécanicien.

29 décembre 1823 pour un battant mécanique.

15 mai   1830 — un nouveau battant.

  6 mars   1831 — canons de fusil laminés.

10 novembre 1831 —   id.   id. perfectionner.

24 décembre 1833 — un nouveau battant.

11 décembre 1834 — le pas ouvert des métiers de Jacquard.

14 novembre 1835 — un battant à plusieurs navettes.

28 octobre   1836 — un nouveau battant brocheur.

29 septembre 1837 — un autre battant.

22 décembre 1858 — un autre battant à plusieurs navettes.

11 novembre 1840 — un compteur gaz.

12 novembre 1840 — un régulateur à gaz.

50 mars   1841 — un régulateur à gaz perfectionné.

11 mai   1841 — un autre, perfectionné.

Burgin (Jean) est peut-être l'homme qui a le plus contribué au développement de l'industrie rubanière. Simple ouvrier passementier, mais né mécanicien, Burgin méritait un meilleur sort que celui que lui fit l'amour de son état.

Burgin était suisse, il vint se fixer à Saint-Etienne en 1798 et entra comme simple compagnon dans une des meilleures fabriques de rubans de notre ville. Dès son début il fit preuve d'une admirable adresse et ses calculs en mécanique semblaient s'appuyer sur une connaissance profonde des mathématiques, dont il n'avait, cependant, aucune notion ; la nature en sa faveur avait suppléé à ce défaut. Quand un métier ne voulait pas fonctionner, c'était Burgin qui se chargeait de le mettre en état, ses essais étaient toujours certains.

En 1803, il adapta aux métiers de rubans un régulateur qui rendit plus uniformes les coups de trame, ce qui fut une grande amélioration, en ce que le tissu devint plus uni.

En 1805, il chercha à relever la bordure unie du ruban par des franges. Il fit à ses frais les premiers essais de ce que lui suggérait son esprit inventif et ce qu'un autre n'eût pas osé tenter, Burgin, par une simple combinaison, orna les bords des rubans fabriqués sur les métiers à la Zurichoise de franges tirées, qu'on ne pouvait obtenir, avant lui, que sur les métiers à haute et à basse-lisse. La fabrique entière s'empara de cette innovation et les profits qu'elle retira sont incalculables ; Burgin seul n'y gagna rien.

En 1810, il remplaça, par un ingénieux mécanisme, d'un très petit volume, les grandes roues dont on se servait pour les franges tirées, et on lui donna le nom de *Jeu de Serinette*. Ce procédé fit la réputation de Burgin ; il aurait fait aussi sa fortune, s'il n'avait pas été aussi désintéressé qu'il était laborieux, homme d'ordre et d'une conduite exemplaire.

Quand on voulut se servir de la mécanique de Jacquard, à Saint-Etienne, on éprouva de grandes difficultés, la plus considérable fut celle de trouver le moyen de faire lever les tissus d'une manière égale, celles du milieu avaient trop de marchures, tandis que celles des extrémités du métier en manquaient. Burgin put, seul, résoudre le problème, rien ne parut plus facile quand il eut réussi. Il se contenta de placer des baguettes en verre assujéties entr'elles à distances égales, entre chaque rang de lisses, immédiatement au-dessous des crochets auxquels elles sont attachées, et le moyen fut trouvé.

Il est encore l'inventeur du procédé à rotation pour soulever la griffe de la mécanique et ce n'est pas, sans doute, ce qui a demandé le moins de calculs à l'habile mécanicien, car, auparavant, une simple tringle en fer attachée à une marche, suffisait pour la faire mouvoir fort imparfaitement.

Il serait trop long de rappeler tous les heureux essais de Burgin et les progrès qu'il a fait faire à l'industrie stéphanoise; ils sont immenses. Et, pour tant de pénibles efforts, qu'elle a été sa récompense ? Burgin est mort vieux et misérable à l'hôpital ! Bel encouragement pour ceux qui doivent l'imiter.

Preynat, de Sorbiers. Cet excellent mécanicien imagina, vers l'année 1855, un battant de métier à rubans d'un excellent modèle. Les navettes sont portées par des crochets qui se les transmettent alternativement. Ce battant a un avantage particulier, c'est qu'il occupe moins de place et qu'il permet d'augmenter le nombre des pièces. La grande quantité de métiers qui furent pourvus de battants semblables, prouve l'excellence de ce mécanisme.

Preynat, sur le rapport des fabricants de rubans, fut cité honorablement par le jury central à l'exposition des produits de l'industrie en 1834.

Reverchon, père et fils aîné, sont les premiers qui eurent l'idée de changer les anciens battants de métiers à la Zurichoise, impropres aux nouveaux auxquels on adaptait la mécanique de Jacquard. Ces ingénieux mécaniciens, par leur application incessante à l'étude des battants, tiennent le rang le plus distingué parmi ceux qui ont apporté des améliorations à la fabrication des tissus. Mus par l'intérêt général, bien plus que par le leur propre, ils apportèrent leurs soins à contrebalancer la concurrence étrangère, en introduisant l'économie dans la main-d'œuvre. Ce noble projet fut couronné du succès, par l'invention du battant dit *à Cremaillère*. Jusqu'en 1818, pour la fabrication des rubans unis et autres, on n'avait encore rien employé de plus parfait que le métier *à la Barre*.

Le métier Reverchon a eu l'avantage d'avoir triomphé d'une foule d'obstacles qui, jusqu'alors, avaient été regardés comme insurmontables. L'ancien système ne permettait de fabriquer que certaines largeurs assez restreintes; avec les métiers Reverchon, les rubans purent recevoir toutes les largeurs voulues, jusqu'à celles des étoffes de soie, dite 7/12.

MM. Reverchon prirent un brevet d'invention en 1818 et, jusqu'en 1833 ou 34, ils ne cessèrent de con-

fectionner des battants d'après leur procédé. Non-
seulement les fabriques françaises se procurèrent ces
excellentes mécaniques, mais la Suisse, l'Allemagne
et l'Angleterre en demandèrent. Ces expéditions n'eurent lieu que fort tard, cependant ils auraient dû se
souvenir toujours qu'ils n'avaient inventé que pour
combattre la concurrence. Disons, toutefois, que ce ne
fut que dans la dernière période de la vogue de leurs
battants, qu'ils en envoyèrent à l'étranger, car le procédé de Boivin, qui offrait plus de propreté dans la fabrication, venait de porter une rude atteinte aux battants
Reverchon.

§ II. — FABRICATION DES PEIGNES A TISSER.

Autrefois on ne se servait, à Saint-Etienne, que de
peignes de jonc ou de roseau. En 1810 ou environ, on
commença à employer les peignes en fil d'acier que l'on
fabriquait à Lyon. Ils étaient grossiers et mal exécutés,
le fil d'acier n'était pas suffisament arrondi sur ses
bords, et les dents bien moins serrées qu'aujourd'hui.

En 1820, M. Robin fut le premier qui essaya d'en
fabriquer à Saint-Etienne. Quelques années plus tard
on y comptait déjà plusieurs ateliers de ce genre. Depuis
cette époque, cette industrie a fait de rapides progrès
et quoique toutes les personnes, qui s'y sont adonnées,
aient été également habiles, nous avons cependant une
exception à faire.

M. Chaize (Julien), de Saint-Etienne, est l'inventeur

d'un mécanisme fort ingénieux, pour le montage des peignes. Avant lui, un ouvrier ne mettait en place que 7 ou 8,000 dents par jour, tandis qu'avec cette machine, le même ouvrier peut en mettre 18 ou 20,000.

Ce mécanisme offre de plus une régularité, pour la jonction des dents, qu'il était impossible d'obtenir auparavant. Cette invention est un des perfectionnements qui ont le plus efficacement contribué à la beauté des rubans, en procurant un tissu plus uni et plus régulier.

Quelques personnes affirment que la mécanique de M. Chaize est d'invention anglaise, nous ne le croyons pas ; ce serait encore, qu'il aurait toujours le mérite de s'en être servi le premier et de l'avoir propagée. Très souvent il en a fabriqué pour Lyon et pour d'autres villes, ce qui fournit la preuve de l'habileté de ce mécanicien qui travaille toujours à faire de nouvelles découvertes, et qui a très souvent réussi dans ses tentatives incessantes.

MINÉRALOGIE ET MÉTALLURGIE.

—

§ I. — HOUILLE.

Si c'est à l'aspect et à la configuration d'une contrée, qu'on juge de sa richesse agricole, le territoire houiller qui s'étend de Firminy à Rive-de-Gier, doit paraître bien mal partagé. En effet, si ce n'est quelques parties de terrain privilégiées, encadrées dans d'étroits vallons, tout le surplus de la surface ne présente que des sommets arides, des flancs dénudés et des rampes continuellement dépouillées et rompues par les pluies, qui entraînent à leurs bases, une terre inerte et sans substance, dont les animaux broutant les moins difficiles, refusent de manger l'herbe qui y croît.

En compensation de ce que la nature refusait à l'homme, sur le sol, la terre lui ouvrit ses vastes entrailles, et lui présenta ses trésors cachés, en l'invitant à y puiser largement; c'est ce qu'il fit, car jamais, il ne sortit de ses flancs généreux, sans apporter une nouvelle richesse.

On ne saurait dire, au juste, à quelle époque remontent les premiers essais tentés pour extraire la houille, dans l'arrondissement de Saint Etienne; il est à croire, cependant, que les anciens habitants de ce pays en connurent les propriétés, et que son usage était commun, dès les temps les plus reculés.

Dans les XIIe, XIIIe et XIVe siècles, on trouve quelques concessions faites par des féodaux à leurs emphitéotes. A Firminy, le seigneur de Cornillon percevait un droit sur les meules, qui s'y fabriquaient et que l'on coupaient dans un banc de grès qui venait affleurer le sol, et sous lequel se trouvait une masse considérable de houille, que l'on exploita au fur et à mesure que le bloc de grès diminuait. Le seignenr de Roche-la-Molière cédait, à un de ses hommes, le droit d'extraire la houille, dans toute l'étendue de sa terre, sous les conditions portées dans leur traité. Le besoin développa, étendit cette industrie, et les réglements qu'on lui imposa devenant insuffisants, le souverain dicta des lois, qui amenèrent les concessions régulières.

Le duc de Béthune-Charost obtint, en 1767, celle de Roche-la-Molière, dont il était seigneur; elle fut successivement agrandie en 1786 et 1789: nous la connaissons sour le nom de *Concession de Roche-la-Molière et Firminy*.

En 1774, M. Gallet de Montdragon obtint celle du marquisat de Saint-Chamond, dont il était propriétaire, sans en avoir le titre que s'était réservé le cessionnaire de cette terre.

Quelques temps après, M. Mathevon de Curnieu obtint celle de Villars, et M. Jovin celle de la Périnière et du Treuil.

Aux vices d'une routine invétérée, seul guide, alors, dans les exploitations, succédèrent d'utiles améliorations provoquées par la science et par la pratique mieux étudiée. Ce fut surtout après la loi de 1810, que les progrès devinrent plus sensibles; chaque jour en apportait de nouveaux, et leur combinaison a fini par rendre l'industrie houillère une des plus importantes de l'arrondissement. Ici nous bornerons nos indications, les demandes que nous avons adressées, pour obtenir des renseignements, n'ayant point été accueillis par les agents du pouvoir formidable qui est né loin de nous, qui a grandi sur notre sol, qui nous pressure à satiété, sans qu'on puisse prévoir où s'arrêteront ses exigences et son avidité, sa puissance qui paraît ne point être encore à son apogée et la fin des misères publiques. Au reste, si nous eussions voulu être juste pour tous, nous nous serions trouvé dans l'obligation de citer la plupart des ingénieurs qui se sont trouvés à la tête des différentes exploitations, et cette nomenclature eut été longue. En définitive, nous regrettons, bien vivement, que la trop grande et trop scrupuleuse modestie de la Compagnie générale des mines, l'ait portée à nous refuser les renseignements que nous demandions, cependant, assez humblement.

Mais, parmi tous ces hommes honorables, que nous n'avons connus que de réputation, il en est un qui semble avoir surpassé les autres, c'est M. Emile Marsais, qui s'est plus particulièrement attaché à l'industrie de la houille ; nous voulons parler de la *houille agglomérée*, immense bienfait rendu à l'économie industrielle. Il fallait, en effet, une grande puissance de génie, pour songer à tirer parti de ces amas de poussière de houille, qui obstruent les chantiers de toutes les exploitations. Cependant, le procédé employé par M. Emile Marsais est simple, l'essentiel était de le trouver, et surtout de le mettre en pratique, car, quoique l'habile ingénieur fut certain de ses moyens, il ne lui en a pas moins fallu faire de nombreuses expériences, qui furent couronnées du plus brillant et du plus heureux résultat.

En 1843, M. Emile Marsais livra au commerce les premiers échantillons de *houille agglomérée*, dont le secret consiste à unir et à rendre compactes les charbons menus, à l'aide de résines et de goudrons. Ce composé produit beaucoup plus de calorique que la houille seule, il est aussi beaucoup plus régulier ; c'est ce qui le fait rechercher par la navigation, pour le chauffage des ma-chines à vapeur.

Cette industrie a eu des imitateurs : Liverpool possède une fabrique semblable à celle de M. Emile Marsais qui, seul, aura toujours le mérite et la gloire de l'invention.

Appréciant les avantages que cette découverte procure au commerce, en économie et en produit, le jury central décerna, en 1844, une médaille d'argent à l'inventeur, et, ce qui est peut-être plus flatteur encore pour lui, c'est qu'il s'est acquis la reconnaissance et l'estime de ses concitoyens.

§ II. — MINES DE FER.

M. de Gallois, ingénieur en chef des mines et professeur à l'Ecole des mineurs de Saint-Etienne, est le premier qui ait reconnu l'existence du fer carbonaté lithoïde dans notre bassin houiller. On a cru, pendant longtemps, que ce même bassin renfermait, à un haut degré de puissance, le minerai propre aux terrains houillers; on a cru également qu'il avait de l'analogie avec celui de Stratfordshire, et c'était autant d'erreurs, car nos couches de houille sont plus puissantes qu'en Angleterre, mais elles sont moins riches en minerai de fer.

Envoyé en mission en Allemagne, en Illirie, en Suède, en Italie, à l'île d'Elbe et ailleurs, M. de Gallois avait pu étudier les gissements de minerai de fer des houillières, dans lesquelles, il reconnut un fait général et uniforme, qui lui servit de guide depuis. Arrivé à Saint-Etienne, en 1814, il n'eut pas de peine à reconnaître plusieurs gissements considérables à Rive-de-Gier, à Saint-Etienne et à Firminy, qu'il essaya pour en reconnaître la nature et la richesse, et cette étude l'amena à conclure que, partout où il existe des mines de houille, on y trouve en même temps des mines de fer, et que les unes et les autres, en France et ailleurs, appartiennent à une même formation, qu'elles proviennent d'un même dépôt, qui a eu lieu à la même époque, et qu'elles contiennent les mêmes matières, et offrent les mêmes circonstances. Pour donner plus de développement à sa pensée, et pour étayer son opinion, la propager et la faire partager, il publia un Mémoire sur le fer houiller qui existe de Firminy à Rive-de-Gier.

Outre le fer carbonaté litoïde, l'arrondissement possède d'autres gissements, tout-à-fait indépendants du système houiller. Le principal est le fer hydraté, de la Tour-en-Jarez, découvert en 1825, nous ne savons par qui.

Ce minerai se présente en amas, sur une surface dont l'étendue n'est peut-être pas encore connue, et sa richesse peut s'évaluer, lorsqu'il est bien trié, à 30 ou 40 p. 100.

Un autre gissement a été reconnu au Chambon, postérieurement à celui de la Tour-en-Jarez : sa nature est le minerai quartzeux de fer. Il se présente en grandes masses ; mais sa richesse ne répond pas à sa puissance. D'après l'analyse qu'en a faite M. Gruner, professeur de chimie à l'Ecole des mineurs, ce minerai ne serait point assez riche pour être traité avec avantage, et quoiqu'il produise de l'excellente fonte, les substances terreuses qui l'accompagnent le rendent très réfractaire.

Il viendra une époque où l'on exploitera séparément la houille et le minerai qui l'accompagne, et qui s'exploitent simultanément aujourd'hui. Nous aurions été heureux de consigner, ici, le nom de celui qui aurait tenté une aussi bonne et aussi urgente amélioration.

§ III. — MINES DIVERSES.

L'exploitation du plomb, dans l'arrondissement, est beaucoup plus ancienne que celle du fer, et les nombreux filons qui ont donné lieu aux établissements de Saint-Julien-Molin-Molette, ne sont, en définitive, que d'une médiocre importance. Ils se présentent toujours très irrégulièrement et sans continuité dans leur gangue de porphyre granitoïde, d'une puissance faible et peu argentifère.

Ils se rencontrent encore, dans les mêmes conditions, sur toute la chaîne de Pila, à Rochetaillée, à la Valla, à Saint-Genest-Malifaux, à Saint-Sauveur et ailleurs.

L'antimoine sulfuré se trouve à Valfleuri.

A Saint-Héand et dans l'énorme filon de quartz qu'on exploite à la Terrasse, sur la route de Saint-Chamond à Pélussin, pour les verreries de Rive-de-Gier, apparaît le cuivre pyriteux qui se montre encore à Feugerolles, sur le versant méridional de la montagne.

A Saint-Martin-la-Plaine, l'or associé au quartz fut, à une époque déjà reculée, l'objet d'une exploitation abandonnée depuis bien longtemps. Tôt ou tard la reprise de ces travaux viendra corroborer ce que quelques anciens auteurs ont avancé sur le vase fabriqué avec cet or, et conservé dans l'abbaye de Saint-Denis.

Au reste, voici quelques preuves de l'existence de cette mine d'or. Le P. de Colonia, *dans son Histoire littéraire de Lyon,* dit positivement que le roi Henri IV, renouvellant en 1602, le traité d'alliance avec les Suisses, fit présent à leurs embassadeurs d'une riche médaille faite avec l'or *dont on avait depuis peu découver la mine dans les environs,* et dans l'exergue de laquelle on lisait : *Ex auro francigenâ, anno fœderis feliciter renovati, effosso* 1602.

Si ces preuves ne sont pas suffisantes, nous pouvons en trouver d'irrécusables en fouillant les anciens registres des naissances de la paroisse de Saint-Martin-la-Plaine. Nous extrayons cette citation, d'un écrit de

M. le curé Rimaud qui employait ses loisirs à rechercher l'histoire oubliée de son pays ; il est mort trop
tôt et cette perte prématurée est d'autant plus regretta-
ble qu'elle nous privera pour toujours du bénéfice des
patientes recherches, des savantes investigations de ce
très digne ecclésiastique dont les belles qualités du
cœur étaient aussi élevées que son savoir était profond ;
l'écrit que nous consultons en fait foi.

« Le 16 mai 1625, a été baptisée Marie, fille d'Antoine Champagnier et d'Isabeau Pernest, maître travailleur en la mine d'or, et du lieu de Tillo, etc., signé :
A. Parrin, curé, archiprêtre de Jarez.

« Ce jour, saint Michel-Archange 1625, a été bap-
tisé Clémence, fille de George Liens, travailleur en la
mine d'or à Saint-Martin-la-Plagne. Signé comme
dessus. »

Nous n'avons rien à ajouter à ces citations, qui nous
autorisent à affirmer qu'une mine d'or a été exploitée
dans nos environs, et qu'il est possible d'en voir reprendre les travaux, quand on l'aura plus utilement étudiée,
pour s'assurer qu'elle serait la plus grande somme des
frais ou des bénéfices.

Comme on le voit, l'arrondissement de Saint-
Etienne abonde en minerais utiles et divers qui, pris
isolément, sont insuffisants pour mériter sitôt des établissements spéciaux d'exploitation. Nos minerais de
fer en sont une preuve, ils resteraient sur couche si,
pour alimenter les hauts-fourneaux que possède l'arrondissement, ils n'avaient pour auxiliaires les minerais
étrangers.

§ IV. — MÉTALLURGIE. — FABRICATION DU FER.

Cette industrie si riche et si prospère aujourd'hui, dans l'arrondissement de Saint-Etienne, ne date que de quelques années. C'est à M. de Gallois, ingénieur infatigable et distingué, autant par ses profondes connaissances que par les grands services qu'il a rendus à son pays, que nous sommes redevables de l'établissement des hauts-fourneaux dans notre arrondissement.

Dès qu'il eut constaté l'existence du fer houiller dans notre bassin, il conçut aussitôt le projet d'utiliser sa découverte, en le traitant avec la houille (¹). Mais avant d'accomplir ce généreux dessein, il voulut visiter les usines anglaises du même genre, afin d'en étudier l'organisation dans tous ses détails et poser son entreprise sur des bases solides, ce qu'il fit à son retour d'Angleterre en 1818, en créant une compagnie dite *des mines de fer de Saint-Etienne*, reconnu par ordonnance royale de 1821.

M. Joseph Bessy, originaire de Saint-Etienne, mettant à profit les idées émises par M. de Gallois, établit à Saint-Julien-en-Jarez la première forge anglaise pour convertir la fonte en fer, au moyen de la houille. Il avait fait un voyage en Angleterre, voyage alors indis-

---

(1) Ce procédé était connu depuis longtemps. En 1619, Dudley parvint, après bien des essais tentés avant lui, à établir la fabrication du fer par la houille.

pensable à toute personne qui voulait s'occuper de la fabrication des fers. Revenu, à Saint-Chamond, il sut persuader M. Ardaillon, son oncle, en lui faisant entrevoir les énormes bénéfices qu'offrait la fabrication du fer, par l'emploi de la houille·

Cette entreprise fut, dès le principe, conduite un peu légèrement, car au lieu d'acheter de suite le terrain qui était nécessaire à leur exploitation, ils se contentèrent de le louer pour dix-huit ans, et le chargèrent de constructions qui exigèrent une dépense de 500,000 fr.; plus tard, ils payèrent ce terrain cinq fois sa valeur. A la mort de M. Ardaillon, son fils, marchand drapier à Paris, revint à Saint-Chamond, continuer avec M. Bessy la fabrication et le commerce des fers.

Nous avons cherché à nous procurer des renseignements particuliers sur M. Bessy, cet homme extraordinaire par son génie commercial; mais nos découvertes ne dépassent pas la notice de M. Virlet, insérée au *Bulletin* de la Société industrielle et agricole de Saint-Etienne.

Nous en citons les passages suivants :

« M. Bessy, né à Saint-Etienne en 1791, annonça très jeune encore d'heureuses dispositions, un caractère décidé, ferme et constant dans ses résolutions, capable de mettre un jour de grands projets à exécution. Placé d'abord dans le commerce, il s'y fit remarquer par son activité et son intelligence. Les circonstances ayant amené des changements dans sa position, il entra comme employé à l'hôtel des monnaies de Lyon, où, peu de temps après, il fut chargé de remplir les fonctions de caissier, dont il s'est toujours acquitté avec honneur. Mais ce genre d'occupation ne pouvait convenir à son génie actif et entreprenant ; il partit pour Paris et s'y plaça chez un agent de change, dont il ne tarda pas à acquérir toute la confiance, que sa probité, son aptitude au travail et de grandes vues de commerce durent lui mériter.

« Une compagnie qui s'était organisée à Firminy pour y établir des hauts-fourneaux, le choisit pour aller en Angleterre recueillir et prendre tous les renseignements nécessaires. Arrivé en Angleterre, il ne borna pas ses recherches au travail de la fonte, il parcourut tous les établissements métallurgiques, et y recueillit de nombreux renseignements. Il fut frappé surtout de la promptitude avec laquelle on y travaillait le fer, et il conçut dès-lors le projet d'importer en France ce genre d'industrie qui lui était encore inconnu, et qui était destiné à y opérer une grande révolution dans son commerce des fers,

« De retour dans son pays, il communiqua à la compagnie son dessein ; mais celle-ci ayant eu le sort de beaucoup d'autres, fut dissoute avant d'avoir rien entrepris . M. Bessy, constant dans son projet, et pour ne pas laisser perdre le fruit de ses observations, s'associa à M. Celle-Duby, son parent, qui mourut six mois après et fut remplacé par M. Ardaillon.

« Leur plan arrêté, les travaux commencèrent le 20 août 1820 ; pendant que la maçonnerie s'élevait, toutes les machines et les ouvriers nécessaires à la mise en activité de l'établissement, arrivaient d'Angleterre,

Les travaux avançaient comme par enchantement; et chose incroyable et unique dans les fastes de l'industrie, un an ne s'était pas encore écoulé, que le bruit du marteau vint apprendre aux habitants étonnés de Saint-Chamond et de Saint-Julien, qu'ils possédaient un établissement nouveau, et révéler à la France qu'il venait de s'ouvrir pour elle une nouvelle source d'industrie qui doit l'affranchir un jour du tribut qu'elle paie à l'étranger.

« M. Bessy est un des hommes qui ont le plus contribué à répandre en France ce genre d'industrie; et s'il n'est pas le premier qui ait conçu le projet d'y créer un établissement comme ceux dont l'Angleterre est couverte, il est au moins le premier qui l'ait mis à exécution et qui ait obtenu les premiers résultats......

« Le succès prodigieux de son entreprise avait dépassé ses espérances; chaque jour il voyait augmenter ses relations, chaque jour il méditait de nouveaux projets d'établissement, lorsque de retour d'un nouveau voyage en Angleterre, d'où il revenait riche d'observations et de nouvelles connaissances, un trait imprévu de l'impitoyable mort vint enlever, au milieu des plus brillantes espérances, à cette époque précieuse de la vie où l'homme jouit de la plus grande force morale et physique, celui qui, sans fortune et par son seul génie, était parvenu, en surmontant tous les obstacles, à créer un de nos premiers établissements. »

M. Bessy a rendu de grands et de durables services à notre industrie qui regrettera toujours la mort prématurée de cet homme de génie, qui pouvait encore concevoir et exécuter de grandes choses.

Ce fut en 1821 que M. de Gallois éleva le premier haut-fourneau à Janon ; en 1825 il en créa un second ; mais en 1824 environ, la somme de 1,500,000 f. provenant des versements opérés par la Société créée à Saint-Etienne, se trouvant épuisée, on dût renoncer à la fabrication du fer, dans cette usine, qui s'annonçait comme devant s'assoir sur des bases vastes et solides.

Toutefois, ce ne fut qu'en 1830 que le feu s'éteignit dans les hauts-fourneaux de Janon, après avoir essuyé, pendant cette période de huit années, des pertes aussi désastreuses que déporables. La compagnie des mines de fer de la Loire et de l'Isère en est aujourd'hui en possession.

Quoiqu'il en soit des revers qui amenèrent la chûte de cette magnifique entreprise, M. de Gallois n'en reste pas moins le fondateur des hauts-fourneaux dans notre arrondissement, et si on a nié qu'il possédât les connaissances nécessaires pour diriger un pareil établissement, on ne saurait méconnaître que celui de Terrenoire lui doit toute sa prospérité, par les changements qui y ont été opérés et qu'il avait lui-même conseillés. Cet éloge d'un homme si plein de savoir et de génie, est bien incomplet, sans doute ; mais nous n'y ajouterons rien, parce qu'il dépasserait nos forces.

En 1822, MM. Frèrejean et Henri Roux, fondèrent les forges de Terrenoire, dont l'importance est si grande aujourd'hui, qu'elle leur assigne le premier rang entre les autres usines du même genre qui existent dans l'arrondissement.

Le premier plan de cette vaste entreprise, exécuté

sur une aussi grande échelle, s'est considérablement accru depuis son origine, et M. Génissieu, qui en est aujourd'hui le directeur, y a introduit les meilleurs systèmes, tant sous le rapport du travail, que sous celui de l'économie. M. Génissieu est du nombre de ces hommes d'élite dont les actes font suffisamment l'éloge, et nous regrettons qu'on nous ait refusé les renseignements que nous demandions avec instance et très poliment, pour nous diriger dans ce que nous avions à dire sur ses travaux d'amélioration et sur ceux des autres personnes qui n'ont pas manqué de se produire dans la compagnie des mines de fer de la Loire et de l'Isère.

En 1824, MM. Neyrand frères et Thiollière appor-tèrent, dans l'arrondissement de Saint-Etienne, un nouvel accroissement de prospérité industrielle, en fondant les forges de Lorette.

En 1827, MM. Ardaillon et Charles Bessy créèrent les hauts-fourneaux de l'Orme, d'où ils retiraient les fers qu'ils employaient dans leurs forges de Saint-Julien qui, aujourd'hui, appartiennent à M. Dugas-Vialis.

Tels sont les renseignements qui nous sont parvenus sur l'industrie du fer et sur les hommes honorables qui s'en sont le plus spécialement occupé et qui ont le plus dignement mérité la reconnaissance de leurs concitoyens.

§ V. — FABRICATION DES ACIERS.

Nous avons lu dans *la Sidérotechnie*, par J. H. Hassenfratz, que l'acier possédait des qualités qui le rendaient préférable à l'or. S'il en était ainsi, quelles ne seraient pas nos obligations envers MM. Jackson qui, en 1815, importèrent d'Angleterre, dans l'arrondissement de Saint-Étienne, la première aciérie. Cette usine fut construite à Trablaine près le Chambon, sur la rivière d'Ondaine.

En 1817, ils obtinrent un brevet d'importation pour la fabrication de l'acier fondu, d'après la méthode anglaise, et le gouvernement favorisa de tout son pouvoir la nouvelle industrie. En considération de la haute protection qu'ils en obtenaient, MM. Jackson renoncèrent à leur privilège.

Ce premier établissement fit peu de progrès à Trablaine ; mais en 1829, les fondateurs l'ayant transporté au Soleil, près Saint-Étienne, ils y introduisirent graduellement et d'une manière sensible, d'utiles et d'importantes améliorations. Mais là, encore, un concours de circonstances fortuites empêcha que ces honorables fabricants donnassent à leur aciérie toute l'extension qu'elle était susceptible de recevoir.

En 1850, MM. Jackson portèrent le siège de leur industrie à Assailly, près Rive-de-Gier ; c'est véritablement là que leur commerce s'est agrandi, car en 1840 ils livraient à la consommation un million de kilog. d'acier fondu et autant d'autres aciers de différentes qualités , représentant une valeur de plus de 2,500,000 fr.

En 1857 , MM. Jackson ajoutèrent à leur usine d'Assailly, la belle aciérie de la Bérardière, et en 1859 ils s'associaient à la fabrique de faux de la Terrasse. Jusques alors des considérations d'économie avaient empêché qu'on employât, dans cette fabrication, d'autre acier que celui dit *cémenté.* Du reste, nous ne répéterons pas ce que nous avons déjà dit à ce sujet, en parlant du magnifique établissement de la Terrasse.

En 1842, le nom déjà si honorablement connu de Jackson s'attachait à l'honorable nom de Peugeot aîné, pour la fabrication des scies en acier laminé. Cet établissement produit, en scies et autres outils, pour près d'un million annuellement.

De telle sorte que, par la réunion de ces trois raisons commerciales, MM. Jackson se trouvent à la tête d'un commerce dont les produits s'élèvent à plus de 4,500,000 fr. L'arrondissement de Saint-Etienne seul y contribue pour 5,500,000 fr.

En s'appliquant à la fabrication des diverses variétés d'acier, cette maison a rendu de grands services à l'industrie, en livrant au commerce les aciers convenables à chaque genre de travail.

Dès que MM. Jackson eurent fait connaître leurs procédés,, d'autres aciéries s'établirent à l'instar des leurs. Il nous parait presque superflu de parler de celles qui vinrent après; cependant nous citerons MM. Milleret et Leclerc qui créèrent la belle aciérie de la Bérardière, dont MM. Jackson sont aujourd'hui propriétaires.

MM. Holtzer à Cotatey et à Unieu, canton du Chambon, s'occupent de l'étirage des aciers et de leur affinage en le corroyant.

Il est possible que d'autres usines de ce genre aient des droits à être citées; mais ignorant leur existence, malgré nos recherches et nos sollicitations pour obtenir les renseignements nécessaires pour nous guider, nous sommes obligés de nous taire, en faisant remarquer, toutefois, aux chefs de ces établissements que ce n'est point à nous, mais à eux qu'il faut adresser les reproches, pour les lacunes qui peuvent exister dans ces articles.

APPENDICE.

Pour compléter ce qui précède nous présentons quelques documents inédits que nous possédons. Outre leur valeur historique, ils ont le précieux avantage de nous fournir des renseignements utiles sur la manière dont nos pères envisageaient l'industrie et sur les motifs qui firent naitre les corporations à Saint-Etienne et dont le principal fut toujours la décadence dans les produits de nos ateliers.

Le temps en changeant les mœurs et les usages, introduisit dans notre ville comme ailleurs, de nouveaux besoins et de nouvelles coutumes. C'est donc pour rendre plus sensible cette mobilité continuelle des peuples, qui les pousse sans cesse et à leur insu à l'accomplissement d'une tâche qui ne s'a accomplira toujours qu'imparfaitement, parce que le champ de la civilisation et du progrès, pris par un de ses angles, va sans cesse en s'élargissant, que nous offrons ces renseignements qui serviront de parallèle entre l'état ancien et l'état moderne des diverses professions qui s'exercent à Saint-Etienne.

L'industrie n'avait point encore de base certaine, dans notre ville, au milieu du XVI⁰ siècle; elle restait stationnaire parce qu'elle ne vivait qu'instinctivement et qu'elle usait de ses moyens sans les connaître; ce qui dut nécessairement la faire arriver à la décadence, dans ses produits, quoiqu'elle débordant de vie, de force et de ressources.

Ce fut alors que le besoin d'un meilleur état de choses se fit sentir et que les diverses professions se réunirent en corporations distinctes. Elles eurent, chacune, leurs statuts et réglements, c'était l'esprit de l'époque et ce fut aussi le seul moyen de ramener la bonne fabrication, parce que chaque maître étant forcé de recevoir la visite des jurés choisis par sa corporation, ceux-ci pénétraient dans sa boutique, y enlevaient les ouvrages mal confectionnés et lui imposaient une amende s'il l'avait méritée. C'était sage alors, c'était ce qu'il y avait de mieux à faire ; la lecture des pièces qui suivent le prouvera suffisamment, et nous prévenons que nous les avons copiées textuellement en leurs conservant l'orthographe qui leur est propre.

Nous allons produire quelques industries qui n'ont point figuré dans la notice, parce que son cadre nous est arrivé tout tracé, elles ne dépendaient pas, non plus, de l'industrie proprement dite et si nous en parlons, c'est plutôt pour un motif d'intérêt historique local, qu'autrement ; nous ne voulons pas nous répéter, c'est pourquoi nous ne passerons en revue que quelques professions dont nous produisons des titres.

En 1657, les ouvriers fourbisseurs, graveurs, enrichisseurs, limeurs et forgeurs de gardes d'épées de Saint-Etienne, avaient remarqué qu'il se commettait beaucoup d'abus dans leur art, par le manque d'expérience des personnes qui se mêlaient de fabriquer les objets qui en dépendaient, tellement que le commerce français et étranger s'en plaignit fortement. Convaincus que cette industrie ne pouvait reprendre quelque lustre et se maintenir dans un état prospère qu'en rachetant l'ancienne médiocrité des produits par une fabrication supérieure, toujours soutenue, toujours progressive, ils présentèrent au prévôt des marchands et échevins de la ville de Lyon des statuts et réglements qu'ils avaient rédigés en 17 articles. Ils les soumirent aussi aux échevins de la ville de Saint-Etienne en deux fois différentes, la première le 2 et la seconde le 9 juillet 1658. Les habitants les trouvèrent si justes et si raisonnables qu'ils les approuvèrent les premiers ; c'était le droit de la commune, le roi vint après et les maîtres de cet art le supplièrent de les faire mettre à exécution. A son tour il les approuva et ordonna en mars 1659 qu'ils seraient exécutés de point en point ; le tout fut enregistré au parlement le 1er juillet de la même année, publié et affiché dans tous les carrefours de la ville et dans les lieux où ces statuts et réglements devaient avoir leur effet.

Mais, de même que les meilleures institutions s'affaiblissent avec le temps, ces réglements eurent à souffrir de ses atteintes, car, quelques années après leur apparution, Jean Dubouchet, Ant. Mosnier, Gab^l. Coeffier, Jean Martinier, Pierre Delouain et Jean Réal, maîtres jurés de cet art, se plaignaient de ce que loin de leur être avantageux ces réglements les froissaient d'une telle manière, qu'il était urgent d'y remédier. Le mal venait de la négligence des maîtres élus depuis sept ou huit ans, qui, loin d'avoir fait exécuter les statuts et le réglement, avaient fait leur profit du désordre, s'étaient emparé des titres et papiers de la maîtrise, sans vouloir les rendre, ni vouloir remplir les obligations auxquelles les contraignent leur serment. Ils ajoutaient que si cet état de choses durait encore quelque temps, les plaintes des marchands et négociants ne manqueraient pas d'arriver comme par ci-devant. Ces plaintes étaient fondées et M. Le Fevre d'Ormesson, intendant de Lyon, y fit droit.

Les tailleurs d'habits obtinrent aussi de nouveaux priviléges ; mais pendant longtemps ils ne les tinrent que du seigneur de Saint-Priest, qui leur permit d'ériger une confrérie et de se donner un réglement. Soit pénurie pour obtenir les lettres du roi (nous pensons qu'elles ne furent jamais expédiées), soit pour tout autre motif, ils restèrent sous la dépendance de leur seigneur pour ce qui regardait la justice. C'était déjà beaucoup que la corporation pût réprimer les abus et le moyen qu'elle avait employé était bon, mais il n'était pas le plus sûr, car, dans une difficulté les parties étaient obligés de plaider pardevant les juges du seigneur, justice plus pointilleuse, plus âpre et plus avide que la justice royale.

Quoiqu'il en soit, le 24 octobre 1655, les maîtres tailleurs eurent une conférence avec Gilbert de Saint-Priest, seigneur de Saint-Etienne, à qui ils remontrèrent que depuis la dernière maladie contagieuse arrivée en 1643, les anciens réglements avaient perdu leur force et qu'il était nécessaire de les faire revivre, pour le bien public ; ce qu'il leur accorda le même jour, par acte reçu Bessonnet, notaire.

Le 3 novembre suivant, ils présentèrent une requête aux officiers de la juridiction seigneuriale pour obtenir la permission de s'assembler, afin de s'entendre entr'eux sur les articles du réglement qui devait les régir, afin de réformer les abus qui existaient dans leur art. Cette requête fut appointée le même jour.

Le lendemain cette assemblée eut lieu, les maîtres étaient au nombre de dix-huit et déclarèrent à Me Rohart qu'ils étaient réunis pour conférer et s'entendre sur leur réglement qu'ils ont fait dresser *à l'imitation des bonnes villes de cette province, afin de réformer les abus qui se sont commis puis l'année* 1638 *jusques à présent.* Les propositions furent soumises et adoptées, et les articles du réglement présentés verbalement, furent discutés et acceptés, dans l'ordre et ainsi qu'on le verra.

Nous aurions pu encore produire une foule de titres sur os aiguiseurs, les tailleurs de pierres et autres professions.

mais le peu d'intérêt qu'offrent les titres qui en parlent fait
que nous n'en dirons rien.

Il n'en est pas de même de l'exploitation du charbon,
tout le monde connaît ce qui a été dit sur l'ancienne exploitation à Rive-de-Gier ; celle de Saint-Etienne, de Roche-la-
Molière et de Firminy est moins connue. Nous aurions bien
voulu donner la traduction d'un acte en parchemin du
XIVe siècle relatif à l'ancien mode d'extraction dans la terre
de Roche, mais le propriétaire n'a pas voulu s'en désaisir,
pour quelques jours seulement ; ce sera pour une autre fois,
il en sera de même pour Firminy.

---

*Statuts et réglements pour l'art et mestier de coutelier en
la ville et parroisse de Sainct-Estienne et mandement
de Sainct-Priest, accordez par la commune deslibération
des maistres couteliers des dicts lieux, et sur lesquels
ils entendent suplier sa Majesté de leur donner lettres
d'autorisation.*

I.

Premièrement. Que chacun an et le landemain St-Eloy
qui est le vingt-six.e juin, à l'issue de la messe que la con-
frerie Sainct-Esloy, faict dire et célébrer à tel jour,

II.

Seront esleus par tous les maistres couteliers ou la plus
grande partie d'iceulx assemblés, quatre maistres esleus et
visiteurs au dict Sainct-Estienne et mandement de Sainct-
Priest pour faire l'ouvraige bon, de quinze en quinze jours, ou
plustost si besoing estoit, et charge de faire garder et entretenir les présens réglemens, visiter les ouvrages de tous les

maistres qui sont dans la dite parroisse et mandement, et
tenir la main à ce que la marchandise soit légale et de la qualité requise. Les dits maistres esleus presteront le serment
pardevant les sieurs officiers des dits lieux, de fidellement
faire la dite charge.

III.

Seront tenus tous les maistres couteliers d'ouvrir leurs
boutiques au dits maistres esleus pour le faict de leur visite à
peyne de l'amande de trois livres pour la première fois et de
plus grande, en cas de récidive, à l'arbitrage des dits sieurs
officiers, pour tesmoignage desquelles visites lesdits maistres esleus appelleront un des voisins de celuy qu'ils visite-
ront, entre les main duquel sera séquestré l'ouvrage prétendu mal faict, dont ils dresseront leur procès-verbail
duquel ils bailleront copie à celuy qu'ils auront visité, sur
peyne de nulité.

IV.

Laquelle visitation sera déclarée et desvoilée dès le mesme
jour, ou le landemain pour les prinses qui seront faictes dans
la dite ville et faulxbourgs du dit Sainct-Estienne, et dans
trois jours pour les villages, pour y estre promptement et sur
le champ faict droit par les dits sieurs officiers, après avoir
ouy sommairement les parties et tesmoins sy besoin est, sans
regler les parties en forme de procès ordinaire.

V.

Seront tenus les dits maistres couteliers de prendre chacun une marque différente, sans qu'ils puissent contrefaire
les marques des aultres, sur peyne de faulx, d'amande arbitraire, confiscation des marchandises qui seront marquées des
marques contrefaictes, laquelle marque de chacun d'eulx
sera plaquée et immatriculée dans une table de plomb qui
sera faicte à cest effect et laquelle demeurera en dépost en

la maison du premier et plus ancien coutelier habitant en la
dite ville et fermera soubs deux clefs qui seront deslivrées
et gardées par deux desdits maistres eslcus et ne s'ouvrira
qu'une fois l'année et ce à chacun premier jour de may, pour
y placquer et graver les marques des maistres qui auront
esté receus l'année présente, sy ce n'est qu'il survienne
quelques causes pressantes pour faire la dite ouverture.

VI.

Tous les couteliers qui ont travaillé cy devant comme
maistres, feront apparoir de leurs obligations d'apprentissage,
sur la première réquisition qui leur sera faicte par les dits
maistres éleus, ou à deffault de ce, faire chef-d'œuvre à la
forme prescripte cy apprès, pour ceulx qui vouldront estre
receus à l'advenir maistres couteliers et non autrement.
Parce qu'il y en a plusieurs qui ne scavent que forger les
lames et n'ont aultre mestier pour gaigner leur vie, il leur
sera permis de continuer leur travail, sans que toutefois
ils puissent avoir aulcune marque si ce n'est de ce qu'ils
travaillent pour les maistres cousteliers et dans leurs boutiques, auquel cas ils pourront se servir de la marque des
dits maistres, ny que celà puisse estre tiré à conséquence
pour l'advenir.

VII.

Tous ceulx qui vouldront apprendre le dit mestier et
acquerir le dit degré de maistrise, seront tenus de faire
apprentissage pendant cinq ans, sans que les maistres soubs
lesquels ils travailleront puissent diminuer le dit temps, soit
pour argent, ou aultrement, pour à quoy obvier l'on aura
aulcun esgard aux obligations d'apprentissage si elles ne
sont faictes en présence d'un maistre esleu de la mesme année et incerées dans un registre qui sera tenu à c'est effect
par le premier maistre esleu despuis lequel temps seule-

ment les cinq années de l'apprentissage commenceront à courir, lors duquel enregistrement les dits apprentifs bailleront
cinq sols, et à la fin de leur apprentissage trois livres pour
estre compagnons, qui sera employé au divin service.

VIII.

Les dits apprentifs feront leur apprentissage soubs un
mesme maistre ou sa vefve sans discontinuation, sy les maistres ou vefves ne décedent durant iceluy, auquel cas ils
acheveront leur apprentissage soubs un aultre maistre, sur
peyne déstre déclairés descheus du droit de maistrise, duquel apprentissage les dits maistres seront tenus leur bailler
àcquit passé par devant notaire, à la première requeste que
leur en sera faicte, sur peyne de quinze livres d'amande.

IX.

Et si les dits apprentifs interrompent leur apprentissage
sans cause légitime, ils ne seront receus et mis en besoigne
par aultre maistre à peyne de trente livres d'amande, tant
contre celui qui les recevra que contre le dit apprentif, qu'il
naye estj auitrement ordonné.

X.

Les dits maistres ne pourront recevoir et tenir qu'un apprentif, encore qu'ils soient deux ou trois demeurans en une
mesme boutique, auquel cas ils ne pourront pareillement
frapper que d'une mesme marque à leurs ouvrages, tant
qu'ils demeureront ensemble, à peyne d'amande arbitraire.

XI.

Lesquels apprentifs, outre le temps de leur apprentissage
seront tenus servir leur maistre ou aultres du dit mestier
trois ans au paravant que d'estre receu en la maistrise, duquel
service ils feront apparoir comme dessus, et ce faisant,
pourveu qu'ils ayent attaint l'aage de vingt-un an, ils seront

receus à faire chefs-d'œuvres devant les dits maistres esleus
en la boutique d'un d'iceulx.

XII.

Le dit chef-d'œuvre sera de forger, et faire les manches
de couteaulx, et garnir, à l'une desquelles deux expériences
il travaillera une journée entière, en présence des dits maistres visiteurs, et pour faire preuve de leur sufisance, ils
seront tenus de prendre l'acier en barre, afin que leur capa-
cité soit mieux cogneue.

XIII.

Pour laquelle reception, les dits maistres esleus ne pourront exiger auleune somme si ce n'est dix sols chacun, pour
chacun jour, qu'ils auront assisté au dit chef-d'œuvre et expérience des dits compagnons, outre laquelle ceulx qui
seront receus maistres bailleront cinq livres suivant l'ancienne
coustume, lesquels seront mis dans la bourse commune et
employés de l'advis du corps commun du dit mestier.

XIV.

Les fils des maistres du dit art, qui désireront parvenir
à la dite maistrise, n'auront pas plus grand privilège que les
aultres apprentifs, sy ce n'est qu'ils pourront estre receus
maistres à l'aage de dix-huit ans, pourveu qu'ils ayent travaillé quatre années au dit mestier avec leur pères ou aultres,
duquel service ils feront apparoir par certificat, tant en entrant qu'en sortant, et de ne payer que cinquante sols pour
la dite reception, et trente sols pour leur droict d'entrée qui
est la moitié de ce que les aultres compagnons baillent, employés comme dessus.

XV.

Ne pourront les dits maistres couteliers frapper, ou faire
frapper leurs marques ailleurs qu'en leur domicile, à peyne
d'amande arbitraire.

XVI.

Ne pourront aussi les dits maistres cousteliers et aultres forgeurs, vendre aulcunes lames aux marchands, pour les envoyer hors les lieux du présent règlement, et seront tenus les dits maistres parachever leur ouvrage à peyne de confiscation d'icelles lames, et en l'amande contre chacun contrevenant.

XVII.

Ne pourront achepter aulcuns manches de couteaulx faits et venans d'ailleurs que des sus dits lieux aux mesmes peynes, lequel article n'aura lieu, toutes fois que six mois apprès la publication des présens règlemens.

XVIII.

Les couteaulx qui seront faicts de pieds de bœufs et vaches seront marquées tous d'une mesme marque, scavoir d'un pied de bœuf.

XIX.

Les vefves des maistres couteliers, pourront continuer le dit mestier, et faire fraper et marquer leur ouvrage des marques de leurs feus maris, tant qu'elles demeureront en viduité et qu'elles auront des enfants de leurs dits feus maris, et en ce cas que les dites vefves ou enfans ne veuillent continuer le dit art, et qu'il n'y aye des héritiers du maistre décédé, ou leurs tuteurs et curateurs pourront vendre la marque du dit deffunt, laquelle sera matriculée, comme a esté dit, sur la table de plomb par celuy qui s'en vouldra servir.

XX.

S'il survient quelque différent entre les dicts maistres cousteliers, leurs serviteurs ou apprentifs, il sera vuidé par les dits maistres visiteurs sans aucun salaire sy faire se peut, si non auront recours aux dits sieurs officiers, lesquels procederont sommairement comme a esté dit, appellans deux ou trois desdits visiteurs sy besoin est.

Toutes lesquelles règles les dits maistres couteliers, ont dit estre au bien public et utilisé du dit mestier de coutelier. Fait ce 5e janvier 1658. Signé A. Félix, Jean Buisson, et Nicolas Piaud.

(*Registre* IIIe, 59e *pièce.*)

1er juillet 1659.

Statuts et règlements des Maistres Fourbisseurs, Graveurs, Enrichisseurs, Limeurs et Forgeurs de gardes d'espée, tant de la ville de Saint-Estienne-de-Furan que de quatre lieues, ès environs.

I.

Premierement que chacun an le mardy de la feste de la Pantecoste, jour de la confrairie des maistres dudit art, sous le vocable du S. Esprit, seront esleus par tous les dits maistres, où la plus-part d'iceux assemblez, quatre maistres esleus et visiteurs jurez du dit art, deux desquels seront continuez l'année suivante, avec autres deux nommez aux maistres jurez qui seront nommez chacune année à mesme jour, lesquels auront le soin de faire la visite tous les mois où plustost s'il est nécessaire des ouvrages de tous les maistres, et prendre garde que la besongne et marchandises soit loyalle de la qualité requise, et bien faicte, et generalement faire garder et entretenir les presens reglemens, et pour cet effect les dits maistres jurez presteront le serment par devant les officiers des lieux d'exercer fidellement la dite charge.

II.

Ausquels maistres jurez, faisant la dite visite tous les dits maistres seront tenus d'ouvrir leurs boutiques ou chambres à peine de trois livres d'amande pour la première fois, et de dix livres pour la seconde fois, et tout autant qu'ils continueront le mesme refus, et en cas que les dits maistres esleus trouvent l'ouvrage mal fabriqué, et faconné, ou de mauvaise qualité, il sera confisqué, et les maistres convaincus condamnés en l'amande de dix livres pour la première fois, et de vingt livres en cas qu'ils recidivent, et pour cet effet les dits maistres jurez s'en saisiront, et aussi-tost le dénonceront ausdits officiers, lesquels sur-le-champ rendront droit sommairement aux parties.

III.

Tous les fourbisseurs, graveurs, enrichisseurs, limeurs et forgeurs de gardes d'espée estans mariez, ou chef de famille qui travaillent à présent audit art, pourront continuer la mesme vocation en faisant enregistrer leurs noms, dans quinze jours apres la publication du present reglement, et lettres qui seront obtenues à cet effect de sa Majesté, au livre ou registre qui sera tenu par les dits maistres jurez, lesquels se le remettront les uns aux autres à la fin de leurs charges, et à faute de ce faire enregistrer dans le sus dit temps, ils seront descheus de la maistrise dudit art : et deffenses à eux d'y travailler à peyne de confiscation des marchandises et de cent livres d'amande.

IV.

Et si quelque personne par malice ou opiniastreté vouloit travailler au dit art, et faire des gardes d'espée, sans s'estre faict enregistrer comme sus est dit, leur sera fait commandement par les dits maistres jurez de quitter le dit travail, et à faute de ce faire seront condamnez à vingt livres d'amande, et en cas qu'ils continuent le dit travail, sera permis aux maistres jurez de se saisir de l'ouvrage et outils qu'ils trouveront servans audit art, pour estre le tout confisqué au proffit des pauvres.

V.

Ne pouront aussi tenir à mesme temps qu'un apprentif lequel ils seront tenus garder pour cinq années consécutives, si ce n'est à pres la quatriesme année du dit apprentissage qu'ils pourront prendre un second apprentif à peyne de l'amande de vingt-cinq livres, en cas qu'ils soient trouvez en avoir deux, l'un desquels ils seront obligez de congédier trois jours apres le commandement qui leur en sera faict de la part des dits maistres jurez, à peyne d'estre deschens de la dite maistrise.

VI.

Les apprentifs seront tenus de faire leur apprentissage pendant le dit temps de cinq années entières sans discontinuation, et de faire enregistrer leurs obligations d'apprentissage dans le livre que les maistres jurez tiendront à ce sujet, et ce le mesme jour qu'ils entreront en apprentissage, depuis lequel temps seullement les cinq années de leurs apprentissages commenceront à courir et non d'auparavant, lors duquel enregistrement ils bailleront ausdits maistres jurez vingt sols, pour estre employez aux affaires de la communauté.

VII.

Il ne sera receu aucun apprentif qui soit marié, n'y autre qui n'ait atteint l'aage de dix années compli, et s'ils interrompent le temps dudit apprentissage sans cause legitime et qu'ils quittent leurs maistres, ils ne pouront estre employez par austres maistres à peyne de quinze livres d'amande contre celuy qui l'employera.

VIII.

Le temps du dit apprentisage expiré, le maistre sera tenu
de passer quittance à son dit apprentif, sur la premiere sommation qui luy en sera faite, à peyne de cinq livres d'amande,
apres quoy les dits apprentifs seront tenus de servir encore
deux années en qualité de compagnons chez leurs maistres
d'apprentissage, ou autres, auparavant que d'estre receus à
la dite maistrise.

IX.

Et le dit temps expiré, pour estre receus à la dite maistrise, ils seront tenus de faire seuls sans ayde d'aucuns, une
garde d'espée, pour chef d'œuvre, en la présance et dans la
boutique de l'un des dits quatre jurez, telle qu'iceux jurez
trouveront à propos, soit en sa graveure, limeure, enrichis-
seure, ou forge, et selon leur acte d'apprentissage, laquelle
estant faite, sera veuë et visitée par les dits jurez, et autres
qui seront par eux appelez pour estre par eux jugé de capa-
cité, et estre les pretendans receus maistres (si faire se
doit,) suivant la pluralité des voix, et lors de la dite reception, ils presteront le serment de fidélité de bien observer
les presens reglemens, en presence des dits quatre jurez, et
payeront la somme de dix livres, pour la dite confrairie, et
pour les frais de la communauté de la dite maistrise.

X.

Lesdits maistres ne pouront prendre aucun argent ni fes-
tins des compagnons pour leur reception à la dite maistrise,
que les droits cy-dessus, à peyne de concussion et de vingt-
cinq livres d'amande.

XI.

Les dits maistres venant à deceder, les dits apprentifs
pourront parachever le temps de leur apprentissage chez la
veuve, ou autres maistres si bon leur semble, et les dites

veuves pouront faire travailler tout ainsi que du vivant de leurs maris pendant le temps de leur viduité seulement, et non autrement, à peyne de vingt-cinq livres d'amande.

XII.

Ne pouront les dits maistres courratter ou exposer en vente, et faire exposer par leurs femmes, enfants ou domestiques, ou autres, aucunes gardes que celles qu'ils auront fabriqué, à peyne de confiscation, et de dix livres d'amande, et à cet effect pouront les dits maistres jurez visiter ceux ou celles qu'ils trouveront portant des gardes d'espée, soit dans les rues, dans les logis ou autres lieux, pour voir si elles sont de la qualité requise, et de l'ouvrage de la main de ceux qui les courrattent, ou font courratter par leurs femmes, ou domestiques, pour en cas de contravention estre confisquées, et les dits courrattiers et courratieres condamnés à quinze livres d'amande, et en cas de refus de la dite visite aus dits maistres jurez, les contrevenans seront condamnés à cinq livres d'amande.

XIII.

Les fils des maistres seront exempts d'apprentissage, et pouront estre receus en quel temps que ce soit, en faisant par eux chef-d'œuvre, et estans jugez capables à la forme cy-dessus, et ne payeront à leur reception de la dite maistrise, que cinq livres pour la dite confrairie et frais de communuauté.

XIV.

Et où les dits fils de maistres voudroyent aller travailler sans le consentement de leur pere, chez un austre maistre, le maistre qui les employera sera condamné pour la première fois en l'amande de dix livres, et de le mettre hors son service à la première sommation qui luy en sera faicte, à peine de pareille amande.

XV.

Que si quelque apprentif apres le temps de son apprentissage, vint à espouser la veufve ou la fille d'un des dits maistres il sera dispensé de servir les dites deux années en qualité de compagnon, et sera receu en faisant chef-d'œuvre, et payant les droits cy-dessus.

XVI.

Les dits maistres jurez feront leur visite comme à esté cy-dessus exprimé, et sacquiteront bien et duëment de leur charge à peyne d'en estre d'escheus, et condamnés à trente livres d'amande, et rendront compte annuellement de leur administration à ceux qui seront nommez en leur lieu.

XVII.

Que de toutes les amandes et confiscations adjugées pour les dites fautes et contraventions mentionnées és articles precedans, la tierce partye sera appliquée au roy, ou seigneur des lieux, autre tierce partye à l'hostel Dieu, ou pour les réparations de la chappelle du dit art, et célebration des divins offices qui se font en icelle, et l'autre tierce partye aux maistres esleus d'icelle année, pour la poursuite des dites contraventions.

Lettres patentes du Roy.

Louis, etc. Les maistres fourbisseurs, graveûrs, enrichisseurs, limeurs et forgeurs de gardes d'espée, tant de la ville de Saint-Estienne-de-Furan, que de quatre lieues és environs nous ont fait remonstrer, que pour le bien publicque, utilité de leurs mestiers et afin d'empescher divers abus,

¡ls ont faict, arresté et compilé quelques statuts (¹) qu'ils ont fait rediger par escrit, lesquels ayant présenté tant au prevost des marchans et eschevins de la ville de Lyon, qu'aux eschevins de la dite ville de Saint-Estienne-de-Furan, ils y ont donné leur consentement et approbation suivant les actes d'assemblées, tenues aux hostels de ville, les 2 et 9 juillet 1658, et afin que les dits statuts soient fidellement gardez et observez à l'avenir, les supplians nous ont requis leur accorder nos lettres de confirmation à ce nécessaires. A ces causes........avons confirmé, ratifié et approuvé les dites statuts et ordonnances pour estre inviolablement observez et executez de point en point selon leur forme et teneur...... Donné à Paris au mois de mars l'an de grace 1659. Signé Louis. Et plus bas, de par le roy, signé Phillyppeaux.

Registrées en Parlement le 1ᵉʳ de juillet 1659, signé Du Tillet.

Lesquels statuts et reglemens ont esté confirmez, enregistrez et omologuées du consentement de M. le Marquis de Saint-Priest, seigʳ haust justicier de la dite ville de Saint-Estienne et autres seigʳˢ circonvoysins, etc.

(Registre Iᵉʳ, 18ᵉ *pièce.)*

(1) M. Bayon, vice-président du tribunal civil de Saint-Etienne, a donné à la bibliothèque de la ville un registre qui parait être cette même compilation. Ce beau volume contient tous les réglements qui se trouvaient au greffe du Chatelet à Paris, concernant les ciseleurs et dasmaquineurs.

Articles que les maistres tailleurs d'habits de Saint-Estienne entendent observer et entretenir à l'advenir.

I.

Premier. Que chacun d'eulx sera teuu travailler en leurs boutiques ouvertes et publicques sur rue et au deffault de ce, en chambre sur rue, lesquels ne pouront tenir deux boutiques ouvertes seulement une à peyne de l'admende de 20 fr., et aux compaignons du dit mestier de travailler en chambre pour leur propre, sur peyne de 10 fr. d'admende et d'estre expulsés du dit Sainct-Estienne pour troys ans et sans pouvoir aspirer à la maistrise, et seront les dictes admendes applicables le quart au seigr hault justicier du dict Sainct-Estienne, autre quart aux pauvres de l'hostel Dieu du dict lieu et les autres au proffit de la boette pour servir à faire faire le service divin qui sera annuellement faict le jour et feste de Ste Luce leur patrone.

II.

En second lieu, ne sera loisible à aucuns maistres quels qn'ils soient, tenir ouvrier en boutique de tailleur que premier il n'aye faict son apprentissage de troys ans entiers, rapporter son obligation et quictance d'iceluy, et qu'apres iceluy il n'aye travaillé en qualité de compaignon chez les maistres de ceste ville ou autres de ce royaume du moings autres troys ans entiers et apporteront certifficat des lieux où ils auront travaillé et qu'ils n'ayent payé 20 fr. applicables, le quart audit seigr et les autres troys quarts au proffict de la boette, sinon que celuy qui sera receu estant fils de maistre ou espous de fille ou vefve de maistre de cette ville et qu'il aye travaillé assiduement par l'espace de quatre ans entiers chez son pere ou chez les maistres de cette ville ou autres bonnes villes du royaume, en ce cas ne sera tenu que payer 6 fr. au proffict de la dite boette.

III.

En troisiesme lieu, tous les maistres qui seront cy appres receus seront teneus s'imatriculer au greffe du dit marquisat ou au livre de la dite confrairie à mesme temps qu'ils seront receus, (avec leurs) noms, surnoms, aages et lieu de naissance, pour y avoir recours en temps et lieu.

IV.

En quatriesme lieu, ne sera loisible à aucuns maistres de prendre apprentifs à moings de troys ans et n'en pouvoir prendre qu'un à la fois et de deux en deux ans à compter du jour que l'apprentissage de l'autre soit commencé, et sera tenu le dit maistre le desnoncer et faire enregistrer son bail à la forme sus dite des le jour et datte des dits apprentissages arrestés, afin qu'il en soit notoire. Et à faulte de ce les dits maistres deffaillans seront condamnés en l'admande de 6 fr. pour la première fois applicables comme au precedent article et aux dommages intérests de leurs apprentifs le cas y escheant, et en outre les dits apprentifs ou le maistre qui les prendra, pour eux sera tenu bailler deux livres cire, pour subvenir en partie de la lumière pour le service qui sera faict le jour et feste S Luce, annuellement.

V.

En cinquiesme lieu, tous frippiers et chancetiers venans en cette ville pour vendre et destaler leurs marchandises les jours de foires et marchés, tant en boutique qu'autrement, seront tenus payer chacun d'eux toutes les foys qu'ils déplieront soit en boutique, maison ou rue, 20 s., laquelle somme ils payeront aux dits maistres, icelle applicable au proffict de la boette.

VI.

En sixiesme lieu, toutes estoffes qui seront baillées à ouvrer aux dits maistres tailleurs d'habits de cette ville seront talliez et couppés à poil droit fil en figure. Les habits qui en seront faicts, bien et deuement cousus tant l'estoffe que doubleures sur peyne de l'admende de 5 fr. pour la premiere fois contre chacun des contrevenans, applicable comme dessus et d estre en outre tenus desdommager les propriétaires, à dicte d'experts, mesme de payer les dits habits ma taillées, couppés et cousus en cas que le proprietaire n'en veuille autre dédommagement.

VII.

En septiesme lieu, ne pourront les dits maistres ou compaignons travailler aux jours de dimanche et festes solemnelles, sinon en cas d'urgente nécessité comme deuil ou autrement et en maison fermée, à peyne de 6 fr. d'admende contre le maistre et 3 fr. contre les compaignons contrevenans. Application comme dessus.

VIII.

En huitiesme lieu, les maistres du dit mestier seront tenus d'eslire deux maistres de leur art de troys en troys ans, tels qu'ils jugeront capables pour exercer leur confrairie, lesquels presteront le serment entre les mains de l'un des sieurs officiers de la dicte ville, afin de tenir la main à l'observation du present reglement et leur sera loisible de se faire assister par deux autres maistres, si besoing est pour le soing et direction de la dite confrairie ou pour tenir leur boette dans laquelle seront mises les libéralités et aulmosnes du dit mestier. Et seront tenus iceux maistres sortans de charge de rendre compte pardevant l'un des dits sieurs officiers sans aucuns frais.

IX.

En neufviesme lieu, sera loisible aux dits maistres eslus qui auront faict serment de faire toutes perquisitions et recherches par les ouvriers et boutiques pour faire faire ouverture des maisons, esquelles on leur aura indiqué les maistres ou compagnons travailler en chambre contre les presentes regles, par les proprietaires des dites maisons, chambres, coffres, garde-robbes et autres endroits necessaires et à faulte de ce faire, sur leur rapport et verbaux des dits maistres sera pourveu par les dits officiers afin de faire faire les dites ouvertures par un serrurier, en présence de deux voisins sur ce appelez et seront au dit cas de contravention au dit reglement, tous les habits et estoffes talliés et trouvés aux dites maisons et autres endroits, portez au greffe du dit marquisat jusqu'à ce que la dite contravention aura osté recogneue et jugée.

X.

En dixiesme lieu, tous les maistres seront tenus mettre à la bourse annuellement cinq sols et les compaignons travaillant chez les maistres de cette ville seront tenus aussi aunuellement la somme de deux sols six deniers en la bourse de la dite confrairie, pour ayder à faire faire le service divin.

XI.

Les maistres habitans hors la ville ne pourront y venir prendre de besongne pour emporter en leurs maisons ny travailler qu'ils n'ayent premierement acquitté le mesme droit que les autres maistres de la ville auront payés à leur reception.....

Signé Sainct-Priest ainsi que ses intéressés.

(Registre Ier, 29e *pièce.)*

5ᵉ décembre 1663.

Nomination d'un visiteur et marqueur des cuirs, faite par les maistres courdonniers de la ville de Saint-Estienne.

Ce jourd'hui 5ᵉ décembre 1663 avant midy, en la présence du notaire soubzsigné et des tesmoins apres nommez, sieurs Antᵉ Thoulliere, Bartʸ Dupré, Bartʸ Robert, Louis Feynas, Antᵉ Pacalet, Estⁱⁿᵉ Plasson, Jean Vialon, Jacq. Gor, Jean Pourret, Antₑ Ploton, tant pour eux que pour les autres propriétaires de l'office de vendeurs, marqueurs et contreroleurs des cuirs de la ville de Saint-Etienne, ont nommé et esleu pour l'exercice et fonction de la marque et visite des dits cuirs, les dits Thoulliere, Pacalet et Ploton, au lieu et place de sieurs Estⁿᵉ Bertheas, Louis Feynas et Robert. Et ce pour le temps et terme de trois années commenceant ce jourd'huy, lesquels Thoulliere, Pacalet et Ploton, cy presens ont accepté la dite charge, et retiré boette, marque, tiltres et papiers concernant le dit office, Dont acte... Reçu Depeyssonneaux.

(*Registre* VIIIᵉ, *pièce* 44ᵉ.)

Ferme d'une carrière de pierre passée par les émoleurs et foreurs de canons à Joseph Jamet.

Aujourdhuy 29ᵉ octobre 1702, après midi, par devant le notaire royal à Saint-Etienne et en Forez, soussigné et les tesmoins après nommés sont comparus Antoine Merieu, Guy Journet, Etienne Lionnet, Claude Mérieu, Jean Mirandon, Jean Lionnet, Jean Javelle, Claude Rousset, Claude Mérieu le jeune, Antoine Vilard, Jean Rousset-Billon, Claude Bertheas, Jean Breuil, et vᵉ Claude Chapellon, tous émoleurs et foreurs de canons des environs du dit Saint-Etienne, lesquels en consé-juence de l'ordonnauce rendue par M. le conseiller Mazenod, subdélégué de Mgr l'intendant le 25e du présent, portant permission d'ouvrir la carrière pour tirer des meules propres pour émoler et forer les canons pour le service des troupes de sa Majesté, avec injonction à Jacques Veylon, forgenr du dit Saint-Etienne, se disant propriétaire d'un jardin attenant à ses deux maisons scituées rue de Polignay, dans lequel jardin il y a de la pierre propre pour faire les dites meules, de laisser aux dits émoleurs la libre jouissance et disposition du dit jardin pour en tirer les dites meules moyennant la somme de 70 liv. par année payable audit Veylon ou à qui il apartiendra, en jouissant de la dite carrière en père de famille, sans pouvoir s'aprocher qu'à trois pieds de distance des bâtiments, sous les peines portées par la dite ordonnance, laquelle a été signifiée au dit Veylon le même jour, les dits émoleurs en exécutisn de la dite ordonnance on loué le dit jardin qui est de la contenue de 69 pieds de longueur d'occident à orient et de 46 pieds de largeur du midi à septentrion, promettent maintenir, comme ils sont maintenus, Joseph Jamet, tailleur de pierre du dit Saint-Etienne, présent et acceptant pour trois années consécutives, commençant au 1er novembre prochain et finiront à pareil jour, moyenant la somme de 70 liv. par année.

...... A été convenu entre les dits émoleurs et le dit Jamet qu'il servira et fournira des meules aux dits émoleurs, par préférance à tous autres au prix médiocre, suivant la qualité des meules. Fait et passé à Saint-Etienne, en l'étude de Me Dignaron, notaire.

(Registre IXe, 3e pièce.)

ARTS ET MÉTIERS.

Sindics des corps et communautés de la ville de Saint-Etienne. 1680,

MM. Dervieu,   pour les commensaux (¹).

Fobers,   — les médecins.

Ronzil,   — les bourgeois.

Larderel,
Aloguier,   } — les marchands de rubans.

Rostaing,
Dormant,   } — les épiciers et drapiers.

Muron,   — les chirurgiens.

Piaud,
Dard,   } — les couteliers.

Poildebard,   — les mouliniers, teinturiers et
Carlat,   chapeliers.

Rollet,   — les perruquiers.

Desverncys,
Micolon,   } — les quincailliers,

Buferne,   — les bridiers, selliers, bâtiers et
maréchaux.

Dumarest,   — les armuriers, platiniers et ca-
Seu,   nonniers.

Moulin,   — les menuisiers, tourneurs, tonne-
Peyronnet,   liers et caissiers.

Duplay,
Paturel,   } — les forgeurs,
Veyron,

Sayve,
Deville,   } — les bouchers et charcutiers.

(1) Nous ne savons pas encore ce qu'on entendait à Saint-Etienne par commensal.

MM. Clémenson,
Magand,   } pour les cabaretiers et aubergistes.
Salomon,

Medat,
Fontanel,   } — les boulangers et meuniers.
Laforge,

Crozet,
Montélimard, } — les maçons et entrepreneurs.

N......   — les jardiniers.

(*Registre* IVe, 53e *pièce.*)

CATALOGUE

DES

BREVETS D'INVENTION ET DE PERFECTIONNEMENT

DÉLIVRÉS

DANS L'ARRONDISSEMENT DE SAINT-ÉTIENNE,

Depuis 1792 jusqu'au 25 Mars 1850,

Dressé par M. DESCREUX, membre de la Société industrielle.

---

13 février 1792. — JAVELLE, contrôleur des armes à Saint-Etienne. — Brevet d'invention de 15 ans pour une machine propre à polir et achever extérieurement les canons de fusils.

6 mai 1809. — DERVIEU ET PIAUD, à Saint-Etienne. Brevet d'invention de 10 ans pour une machine et procédés à fabriquer le fond de dentelle.

29 juin 1813. — DUGAS ET Cᵉ ET POIDEBARD, de Saint-Chamond. — Brevet d'invention de 5 ans pour une ouvraison au moulin à la Vocanson, de la soie ondée propre à la fabrication des tissus de soie.

13 juillet 1813. — PLENEY, à Saint-Etienne. — Brevet d'invention de 5 ans pour la composition d'une eau de Cologne.

16 octobre 1813. — PROST FRÈRES, à Saint-Symphorien-de-Lay. — Brevet d'invention de 5 ans et de perfectionnement de 15 ans, pour un mécanisme propre à régulariser le tissage.

29 novembre 1815. — MOULAR-DUFOURT, à Saint-Etienne.

Brevet d'invention de 10 ans pour une arme à feu nommée *fusil double de sûreté.*

3 juin 1816. — CESSIER, armurier à Saint-Etienne. — Brevet d'invention de 10 ans pour la fabrication de fusils à percussion qui s'amorcent avec de la poudre du muriate oxigénée de potasse.

16 juillet 1816. — NEYRAND FRÈRES ET THIOLLIÈRE, de Saint-Chamond. — Brevet d'importation de 5 ans pour un procédé relatif à la conversion du fer en rubans.

29 juillet 1816. — DUGAS FRÈRES et Ce, de Saint-Chamond. — Brevet d'invention de 5 ans pour la fabrication d'une étoffe de soie nommée crêpe de Chine.

22 novembre 1817. — ROMAIN PEURIÈRE, fabricant d'armes à Saint-Etienne. — Brevet d'invention de 5 ans pour la fabrication de fusils à deux coups, s'amorçant avec de la poudre inoxigénée.

26 décembre 1817 et 25 janvier 1818. — Pierre BANCEL et Ce, de Saint-Chamond. — Brevet d'invention et de perfectionnement de 5 ans, pour des procédés de fabrication de rubans et autres tissus de soie, en deux ouvraisons, et auxquels on donnè la teinture après la première et avant la dernière de ces opérations.

2 mars 1818. — Pierre BANCEL ET Ce, à Saint-Chamond. — Second brevet de perfectionnement de 5 ans pour des procédés de fabrication de rubans et autres tissus de soie en deux ouvraisons.

17 juin 1818. — BOUTAREL PÈRE ET FILS et JULIEN REVERCHON PÈRE ET FILS AINÉ, à Saint-Etienne. — Brevet d'invention de 15 ans pour un métier destiné à fabriquer à la fois plusieurs pièces de rubans ou d'étoffes, l'une au-dessus de l'autre, et particulièrement les velours de Creveld, grande et petite largeur.

26 janvier 1819. — JACKSON PÈRE ET FILS, à Saint-Etienne.
— Brevet d'importation de 10 ans pour la fabrication
de l'acier cémenté et fondu.

29 juin 1819. — Hyp. ROYET, fabricant de rubans à Saint-
Etienne. — Brevet d'invention de 5 ans pour un mécanisme destiné à faire basculer le levier de la mécanique dite *à la Jacquard*, adapté au métier à la Zurichoise, mécanisme destiné à faire mouvoir les navettes
des métiers à la Zurichoise.

22 août 1820. — BEAUVAIS ET Cᵉ ET DUGAS FRÈRES, de
Saint-Chamond. — Brevet de perfectionnement de
5 ans pour une nouvelle ouvraison des soies destinée
à la fabrication du crêpe en soie grège, cuite, teinte
en couleur, jaspée en cru ou cuit, ou avec brin cru
et brin cuit, depuis un bout jusqu'à vingt.

30 janvier 1821. — CESSIER, à Saint-Etienne. — Premier
brevet de perfectionnement et d'addition à son brevet
d'invention de 10 ans pour la fabrication de fusils à
percussion qui s'amorcent avec de la poudre de muriate
oxigénée de potasse.

28 mai 1821. — MOLLARD-DUFOURT, fabricant d'armes
à Saint-Etienne. — Brevet d'invention de 10 ans pour
un fusil double à piston et à tube, et qui n'a qu'une seule
platine servant de bascule aux canons.

6 novembre 1821. — Philippe HEDDE, à Saint-Etienne. —
Brevet d'invention de 5 ans pour une machine propre à
la mise en carte des dessins d'étoffes et rubans, appelée
Skiamètre.

11 octobre 1822. — GIRAUD, à Saint-Etienne. — Brevet
d'invention de 15 ans, pour la fabrication des étoffes
et rubans avec de la soie grège, et mécanisme propre à
les décruer après leur confection et à leur appliquer en
même temps toute espèce de couleurs.

15 novembre 1822. — CESSIER, à Saint-Etienne. — Deuxième brevet de perfectionnement et d'addition à son brevet d'invention de 10 ans, pour la fabrication de fusils à percussion qui s'amorcent avec de la poudre du muriate oxigénée de potasse.

22 novembre 1822. — BANCEL, de Saint-Chamond. — Brevet d'invention et de perfectionnement de 5 ans, pour des procédés propres à former et à produire l'ouvraison nouvelle de la soie, du coton et du fil, et à fabriquer des étoffes avec ces matières.

5 juin 1823. — DUMAREST ET BRUNET, à Saint-Etienne. — Brevet de perfectionnement et addition au brevet d'invention de 10 ans, pour un mécanisme propre à fabriquer économiquement des galons de toute espèce.

9 juin 1825. — DORIELLE, de Pélussin. — Brevet d'invention de 15 ans pour l'emploi des châtons de châtaigne pour obtenir une substance propre à remplacer la noix de galle.

22 septembre 1826. — DORIELLE, à Pélussin. — Brevet de perfectionnement et d'addition à son brevet d'invention de 15 ans pour l'emploi des châtons de châtaigne pour obtenir une substance propre à remplacer la noix de galle.

18 novembre 1826. — JOARHIT, à Saint-Etienne. — Brevet d'invention de 5 ans pour un appareil propre au tissage des draps et de toutes sortes d'étoffes à la vapeur de l'eau bouillante.

23 mars 1827. — HUTTER, maître de verrerie à Rive-de-Gier. — Brevet d'invention de 5 ans pour un four mécanique à rotation, propre à l'étendage du verre à vitre.

22 février 1828. — MORTIER ET BOURGEA, mécaniciens à

Saint-Etienne. — Brevet d'invention de 10 ans pour un métier à la Zurichoise, de forme particulière, et propre à la fabrication de plusieurs pièces de rubans à la fois·

13 octobre 1828. — PREYNAT, mécanicien à Saint-Etienne. — Brevet d'invention de 5 ans pour un battant de métier à rubans, où les navettes sont portées par des crochets qui se les transmettent alternativement.

24 octobre 1828 — PEYRE, mécanicien, fabricant de velours à Saint-Etienne. — Brevet d'importation de 5 ans, pour un battant de métier à la barre muni de diverses navettes de rechange, et propre à la fabrication de plusieurs rubans façonnés et brochés.

25 novembre 1828. — ROCHE ET OLAGNON aîné, mécaniciens à Saint-Etienne. — Brevet d'invention de 5 ans pour un battant propre à la confection des rubans en tous genres.

3 décembre 1828. — FARGÈRE, mécanicien à Saint-Etienne. Brevet d'invention de 5 ans pour un battant propre à la confection des rubans en tous genres.

29 décembre 1828. — SAGNARD ET BOIVIN, à Saint-Etienne. — Brevet d'invention et de perfectionnement de 5 ans pour un battant de métier à tisser les rubans, dont les navettes sont mises en mouvement par un engrenage en cuir bouilli.

31 décembre 1828. — PERGIER, passementier à Saint-Etienne. — Brevet d'invention de 5 ans pour un battant qui fait partie du métier à la Jacquard, pour la confection des rubans.

21 avril 1829. — DURAND ET Ce, domiciliés à Saint-Just-sur-Loire. — Brevet d'invention de 10 ans pour un procédé de teinture, propre à former tous les dessins désirés sur les étoffes, par le moyen de la pression. 9

28 avril 1829. — Jean PALLE, mécanicien à Saint-Etienne. — Brevet d'invention de 5 ans pour un battant appelé, par l'auteur, à la *Palle* ou à *échappement*, et qui peut s'adapter à tous les métiers.

1er mai 1829. — MAYER ET VALLAT, mécaniciens à Saint-Etienne. — Brevet d'invention de 5 ans pour un battant mécanique destiné à la fabrication des rubans façonnés et brochés.

25 mai 1829. — OUDET ET ARNAUD, mécaniciens à Saint-Etienne. — Brevet pour un battant brocheur propre à la fabrication des rubans brochés, à plusieurs navettes sur les métiers à plusieurs pièces.

25 mai 1829. — ROCHE ET OLAGNON, mécaniciens à Saint-Etienne. — Brevet de perfectionnement et addition à leur brevet du 25 novembre 1828, pour un battant propre à la fabrication des rubans.

5 juin 1828. — PLANCHET, mécanicien à Saint-Etienne. — — Brevet d'invention de 5 ans pour un mécanisme propre à lancer les navettes de métiers à rubans, nommé par l'auteur *chasse-navettes*.

29 juillet 1829. — GALLE, graveur de Saint-Etienne, demeurant à Paris. — Brevet d'invention de 10 ans pour une chaîne sans fin à engrenage.

24 septembre 1829. — MONDON-TÉZENAS ET PAYRE, à Saint-Etienne. — Brevet d'invention de 5 ans pour un battant propre à la fabrication des rubans, et préparation et adoption d'une manière employée dans ce genre de mécanisme.

23 octobre 1829. — Jean MEGEMONT, mécanicien à Saint-Etienne. — Brevet d'invention et de perfectionnement de 5 ans, pour la fabrication de rubans au moyen de navettes particulières

10 novembre 1829. — REVERCHON PÈRE ET FILS AINÉ ET BOUTAREL PÈRE ET FILS, à Saint-Etienne. — Brevet de perfectionnement et addition à leur brevet d'invention du 17 juin 1818, pour l'application de la Jacquard aux battants à la crémaillère.

10 novembre 1827. — FRAISSE ET VALLAT, mécaniciens à Saint-Etienne. — Brevet d'invention de 5 ans pour un battant à scie propre à la fabrication des rubans.

13 mars 1830. — BOIVIN Jean, mécanicien à Saint-Etienne. — Brevet de 5 ans pour un battant mécanique propre à la fabrication des rubans.

5 mai 1830. — E. RICHARD, de Saint-Chamond. — Brevet d'invention de 5 ans pour vocotypographie, ou art d'imprimer au moyen de 40 caractères mobiles, le français avec prosodie, les chiffres et peut-être tous les idiômes, et casse destinée à contenir ces mêmes caractères.

15 juin 1830. — Hippolyte ROYET, fabricant de rubans à Saint-Etienne. — Brevet d'invention de 5 ans pour la fabrication de tissus façonnés et panachés.

17 juillet 1830. — THIMONNIER ET FERRAND , à Saint-Etienne. — Brevet d'invention de 5 ans pour métiers propres à la confection des coutures dites *points de chaînettes*, sur toutes sortes d'étoffes et de tissus.

7 septembre 1830. — CHOLAT père, fabricant de rubans à Saint-Etienne. — Brevet d'invention de 5 ans pour un procédé par lequel chaque fabricant d'étoffes de soie pourra apposer son nom sur le nœud du tissu qui assure la quantité des flottes de soie mise en teinture.

16 décembre 1830. — PREYNAT Jean, mécanicien à Saint-Etienne. — Brevet d'invention de 5 ans pour un nouveau battant propre à la fabrication des rubans bro-

chés, et système de bascule qui en est le complément.

6 mars 1831. — Boivin fils, mécanicien à Saint-Etienne. — Brevet d'invention de 5 ans pour procédés propres à la fabrication des canons de fusil, au moyen du laminoir.

20 septembre 1831. — Ardaillon, Bessy et Ce, à Saint-Chamond. — Brevet d'invention de 10 ans, pour procédés de fabrication de canon de fusil au moyen du laminoir.

22 octobre 1831. — Girardet, à Saint-Etienne. — Brevet d'invention de 5 ans pour procédé propre à fabriquer des canons de fusil au laminoir.

10 novembre 1831. — Boivin Jean, mécanicien à Saint-Etienne. — Brevet de perfectionnement à son brevet d'invention pour la fabrication des canons de fusils au laminoir.

22 février 1832. — Veuve Gerin et fils, à Saint-Etienne. — Brevet d'invention de 10 ans pour une nouvelle arme à feu.

31 mars 1832. — Corompt, de Saint-Julien-Molin-Molette. — Brevet d'invention de 5 ans pour un nouveau mécanisme destiné au moulinage des soies.

13 avril 1832. — Olagnon, à Saint-Etienne. — Brevet d'invention et de perfectionnement de 5 ans pour un battant propre à faire plusieurs pièces de rubans et autres articles de toutes largeurs.

9 mars 1832. — Ardaillon, Bessy et Ce, et Lallier-Foret, de Saint-Chamond. — Brevet d'invention de 5 ans pour procédés de fabrication simultanée d'un certain nombre de rubans unis et damassés, destinés à être appliqués sur les canons de fusils de chasse.

10 juillet 1832. — Doguet père et fils et Ce, fabricants

de lacets à Saint-Etienne. — Brevet de 5 ans pour perfectionnements apportés aux métiers à lacets.

28 janvier 1833. — ARNAUD Jean-Antoine, à St-Etienne. — Deuxième brevet de perfectionnement et d'addition au brevet de 5 ans qu'il avait pris pour des procédés économiques dans la combinaison des cartons qui forment les dessins sur les mécaniques à la Jacquard.

28 janvier 1833. — DUCLUZEL ET DOGUET PÈRE ET FILS, à Saint-Etienne. — Brevet de perfectionnement de 5 ans pour des changements et additions faits aux métiers à la Jacquard et à velours, dont le principe est la réunion des deux métiers, afin d'en former un nouveau appelé *Jacquard velours double façonné.*

5 mai 1833. — BANCEL Jean-Pierre, négociant à Saint-Chamond. — Brevet d'invention de 5 ans pour les ouvraisons et tissus de soie et pour réunir deux bouts de soie écrue, ouvrée en marabout, et les ovales.

5 mai 1833. — FERRAND Auguste et MARSAIS, à Saint-Etienne. — Brevet d'invention de 10 ans pour des procédés de fabrication : 1º de charbon nommé *pérat* avec de la houille dite *menue*; 2º des buches artificielles avec des copeaux de menuiserie, de la sciure de bois ou toute autre matière combustible.

21 juillet 1833. — MOINE aîné Jean-Baptiste, négociant à Saint-Etienne. — Brevet d'invention de 5 ans pour l'emploi dans la fabrication de divers tissus de soie d'une combinaison de filaments, non encore employés jusqu'à ce jour.

21 juillet 1833. — RICHARD-CHAMBOVET et Cᵉ, à Saint-Chamond. — Brevet d'invention de 5 ans pour des perfectionnements apportés aux métiers à lacets.

21 juillet 1833. — RICHARD-CHAMBOVET ET Cᵉ, à Saint-

Chamond. — Brevet d'invention de 15 ans pour un procédé de fabrication des lacets de soie.

21 juillet 1833. — Duclusel et Doguet, à Saint-Etienne, — Brevet de perfectionnement et d'addition de 5 ans pour des changements faits aux métiers à la Jacquard et à velours.

21 juillet 1833. — Gonon et Bonnefoy, armuriers à Saint-Etienne. — Brevet d'invention de 5 ans pour un procédé propre à donner à toute espèce d'ouvrages en fer, notamment aux canons de fusils, une couleur bleue foncée qui les garantit de la rouille et de toute autre altération.

1er novembre 1833. — Murat Jacques, armurier à Saint-Etienne. — Brevet d'invention de 5 ans pour un mouvement uniforme au régulateur de la mécanique à la Jacquard.

1er novembre 1833. — Daclin Claude-Jean, mécanicien, demeurant à Saint-Julien-en-Jarrêt. — Brevet d'invention de 5 ans pour un procédé propre à la fabrication des rubans, au moyen d'un battant à crochets baguettes tournantes.

24 décembre 1833. — Boivin fils ainé Jean, mécanicien à Saint-Etienne. — Brevet d'invention de 5 ans pour un battant adapté à un métier propre à tisser toute espèce de rubans.

4 janvier 1834. — Ducluzel et Doguet père et fils, négociants à Saint-Etienne. — Brevet de perfectionnement de 5 ans pour un procédé propre à la fabrication, par doubles pièces, de rubans velours façonnés, de rubans gazes, avec fleurs ou autres dessins veloutés et de tous autres articles fabriqués de la même manière, c'est-à-dire d'après le même principe, et quelles que soient d'ailleurs les matières et les dimensions.

4 janvier 1834. — Giraud Pierre, fabricant de rubans à
Saint-Etienne. — Brevet de perfectionnement et addition au brevet d'invention de 5 ans qu'il a pris le 11
octobre 1822, pour un mécanisme propre à employer
les soies grèges à la confection de toute espèce de
rubans et étoffes, et à leur appliquer les couleurs que
l'on désire.

4 janvier 1834. — Mesnager frères, fabricants de rubans à Saint-Etienne. — Brevet d'invention de 5 ans
pour un perfectionnement et des moyens économiques
de fabrication de rubans de soie appelés taffetas, et
comprenant sous cette dénomination générale les taffetas proprement dits, tant chaînes simples que doubles,
les passefins ou faveurs, les galons ou boulognes, les
cordons et taffetas ou galons croisés.

4 janvier 1834. — Tézenas-Balay, fabricant de rubans de
soie à Saint-Etienne. — Brevet l'invention de 5 ans
pour une armure nouvelle applicable aux rubans de soie.

4 janvier 1834. — Bancel fils, fabricant de rubans à
Saint-Etienne. — Brevet d'invention de 5 ans pour la
fabrication de tissus façonnés et peints à la main, tant
en étoffes qu'en rubans.

4 janvier 1834. — Marsais Emile-Vital-Dieudonné, directeur de mines, à Saint-Etienne. — Brevet d'invention de 5 ans pour des tourne-broches dits économiques.

24 avril 1834.— Peyre fils Denis, fabricant de rubans.—
Brevet d'invention de 5 ans pour un nouveau métier à
la barre, servant à la fabrication de la peluche et du
velours.

11 décembre 1834. — Boivin Jean, mécanicien à Saint-
Etienne. — Brevet de perfectionnement et d'addition
au brevet d'invention de 5 ans, qu'il avait pris le 24

décembre 1833 pour un battant adapté à un métier propre à tisser toute espèce de rubans.

31 juillet 1834. — Duroure Etienne-Prosper, mécanicien à Saint-Etienne. — Brevet d'invention de 5 ans pour un mécanisme adapté au métier à la barre, destiné à la fabrication des rubans taffetas, gros de Naples et du cordon pour ceinture.

31 juillet 1834. — Docuet père et fils et Ducluzel négociants à Saint-Etienne. — Brevet de perfectionnement de 10 ans pour le principe de fabrication, sans coups perdus, de toute espèce de rubans et autres étoffes brochées.

31 juillet 1834. — Hervier, Gauthier et Ce, fabricant de lacets à Saint-Chamond. — Brevet de perfectionnement de 5 ans pour des changements, modifications et additions apportés aux métiers à lacets.

11 novembre 1834. — Boivin Jean, mécanicien à Saint-Etienne. — Brevet d'invention de 5 ans pour un mouvement mécanique servant de moteur à toute espèce de battant propre à tisser toute sorte de rubans.

11 février 1835. — Tourrette Isidore, fabricant d'armes à Saint-Etienne. — Brevet d'invention de 5 ans pour des fusils se chargeant par la culasse.

11 février 1835. — Gonon Jacques, liseur à St-Etienne. — Brevet d'invention de 5 ans pour un nouveau battant à plusieurs navettes propre à fabriquer à la barre, avec économie de soie, d'ourdissage et de main-d'œuvre, toute espèce de rubans avec dessins.

11 février 1835. — Peyre Denis, fabricant de rubans à Saint-Etienne. — Brevet de perfectionnement et d'addition au brevet d'invention de 5 ans qu'il avait pris le 3 février 1834, pour un nouveau métier à la barre,

servant à la fabrication de la peluche et du velours.

23 avril 1835. — GRANGIER frères, négociants à Saint-Chamond. — Brevet d'invention de 5 ans pour un procédé propre à brocher les rubans de quelques tissus qu'ils soient, en une ou plusieurs couleurs, avec une seule navette ; ce qui jusqu'à présent n'avait pu s'obtenir qu'en employant autant de navettes que de couleurs.

16 août 1835. — LECLERC Pierre-Auguste, fabricant d'acier à Saint-Etienne. — Brevet d'invention de 15 ans pour un moyen de fondre en grand et de mouler le fer ductile, sans addition d'aucune matière qui en altère les propriétés, fusion qui a notamment pour but, soit d'obtenir par le moulage des pièces que l'on fabrique plus difficilement par le forgeage, soit d'améliorer la qualité du fer.

16 août 1835. — PERGIER Joseph, passementier à Saint-Etienne. —· Brevet d'invention de 5 ans pour un battant mécanique propre à être adapté à toute sorte de métiers à la Zurichoise et à la Jacquard.

16 août 1835.— COROMPT DU CLUSEAU Jean-François, de Saint-Julien-Molin-Molette. — Brevet d'invention de 5 ans pour une nouvelle ovale et un barbier, propres au moulinage des soies.

16 août 1835.— GRANGIER FRÈRES, négociants à Saint-Chamond. — Brevet de perfectionnement et d'addition au brevet d'invention de 5 ans qu'ils ont pris le 23 avril 1835 pour un procédé propre à brocher les rubans en une ou plusieurs couleurs, avec une seule navette.

16 août 1835. — CESSIER Jean-Baptiste, fabricant d'armes à Saint-Etienne. — Brevet d'invention de 10 ans pour un procédé de fabrication d'un fusil à percussion, soit à piston, à l'usage des capsules.   9*

3 novembre 1835. — Dugas frères et Cᵒ, manufacturiers
à Saint-Chamond. — Brevet d'invention de 5 ans pour
un moyen de brocher les rubans de tous genres de
tissus, avec des soies de diverses couleurs, sans en li-
miter le nombre, et faire tel effet de dessin que ce soit
sur les métiers à la barre et sans autres métiers quel-
conques.

3 novembre 1835. — Vignal Jacques, moulinier à Saint-
Etienne. — Brevet d'invention de 5 ans pour un nouveau procédé propre au moulinage des soies et adaptable à tous genres d'ouvraison , usitée dans la fabrication des étoffes et rubans.

13 novembre 1835. — Boivin Jean , mécanicien à Saint-
Etienne. — Brevet d'invention de 10 ans pour un
mouvement mécanique applicable au battant brocheur
à plusieurs navettes.

19 mai 1836. — Tourrette Isidore, fabricant d'armes à
Saint-Etienne. — Brevet de perfectionnement et d'addition au brevet d'invention de 5 ans qu'il a pris le
11 février 1835, pour des fusils se chargeant par la
culasse.

19 mai 1836. — Ravier Pierre, armurier à Saint-Etienne.
— Brevet d'invention de 5 ans pour un fusil à crosse
brisée et pour une platine simplifiée.

25 août 1836. — Vignal Jacques , moulinier en soie à
Saint-Etienne. — Brevet de perfectionnement et d'addition au brevet d'invention de 5 ans qu'il avait pris
pour un nouveau procédé propre au moulinage des
soies, adaptable à tous genres d'ouvraison usitée dans
la fabrication des étoffes et rubans.

28 octobre 1836. — Boivin Jean , mécanicien à Saint-
Etienne. — Brevet de perfectionnement de 10 ans pour

un mouvement mécanique applicable au battant brocheur à plusieurs navettes.

30 octobre 1836. — Dubois Jean-Antoine, rentier à Rive-de-Gier. — Brevet d'invention de 10 ans pour la fabrication d'un nouveau cirage propre aux chaussures et harnais.

22 octobre 1836. — Boyer, fabricant de rubans à Saint-Etienne. — Brevet de perfectionnement de 10 ans pour un battant brocheur propre à tisser les rubans.

22 octobre 1836. — Giraud, négociant à Saint-Etienne. — Brevet d'invention de 10 ans pour confection de briques sur un nouveau modèle.

15 juillet 1837. — Vallet François, armurier à Saint-Etienne. — Brevet d'invention et de perfectionnement de 5 ans pour un fusil à deux coups se chargeant par derrière.

1er septembre 1837. — Granger Auguste, de Saint-Etienne. — Brevet d'invention de 5 ans pour un système d'agraffe et de courroies pour socque.

30 septembre. — Rozet fils ainé, à Saint-Chamond. — Brevet de perfectionnement de 5 ans pour métiers à lacets à 97 fuseaux.

13 novembre 1837. — Honnorat et Besset, fabricants d'armes à Saint-Etienne. — Brevet d'invention de 10 ans pour un fusil se chargeant par la culasse, portant cylindres immobiles sans vis et le canon glissant sur une coulisse qui tient toute la longueur du canon.

13 nsvembre 1837. — Calemard Jacques-Philippe, passementier à Saint-Etienne. — Brevet d'invention de 5 ans pour une planchette en verre propre à être adaptée au métier à la Jacquard.

29 septembre 1837. — Boivin Jean, mécanicien à Saint-

Etienne. — Brevet de perfectionnement de 5 ans pour un nouveau genre de battants à crochet fixe sur triangle mobile propre à tisser toute espèce de rubans.

13 novembre 1837. — Auguste GRANGER, de Saint-Etienne. — Brevet de perfectionnement et d'addition au brevet d'invention qu'il avait obtenu le 1er septembre 1837, pour un système d'agraffe et de courroies pour socque.

BALAY FILS ET VIGNAL, fabricants de rubans à Saint-Etienne. — Brevet d'invention de 10 ans pour un appareil destiné à sécher les brins de soie à la sortie des cocons pendant le devidage.

11 février 1838. — M. KINKINSON-BIL, ingénieur civil à Saint-Julien-en-Jarrêt. — Brevet d'invention de 5 ans pour l'application d'une cataracte aux machines soufflantes.

13 mai 1838. — FOREST Dominique, émailleur à Saint-Etienne. — Brevet d'invention de 10 ans pour des lisses et fils propres à être employés à la fabrication des rubans.

22 mai 1838. — BOIVIN Jean, mécanicien à Saint-Etienne. — Brevet de perfectionnement de 5 ans pour un perfectionnement apporté dans le mouvement des métiers à la Jacquard.

30 juillet 1838. — BOIVIN Jean, mécanicien à Saint-Etienne. — Brevet de perfectionnement et d'addition au brevet de 5 ans qu'il avait pris le 22 mai 1838, pour un perfectionnement apporté dans le mouvement au métier à la Jacquard.

30 juillet 1838. — LASSABLIÈRE, TEYSSIER et FRESSINET.

— Brevet d'invention de 5 ans pour un nouveau système de mécanique appliqué aux battants propres au tissage des rubans.

13 décembre 1838. — CESSIER Jean-Baptiste, armurier à Saint-Etienne. — Brevet de perfectionnement et addition au brevet d'invention de 10 ans qu'il a pris le 10 juin 1835, pour un procédé de fabrication d'un fusil à percussion, soit à piston, à l'usage des capsules.

13 décembre 1838. — PRUDON François, fabricant de rubans à Saint-Etienne. — Brevet d'invention et de perfectionnement de 5 ans pour un mécanisme applicable à toute espèce de métiers propres à fabriquer des velours épinglés, frisés ou simulés, et velours à deux pièces, soit pour rubans, soit pour étoffes de toutes largeurs.

29 avril 1839. — BRUNEL Thomas, mécanicien à Saint-Chamond. — Brevet de perfectionnement et d'addition au brevet d'invention de 5 ans qu'il a pris le 7 février précédent, pour une mécanique propre à la fabrication des objets de coutellerie.

29 avril 1839. — MEYRIEUX Claude, armurier à Saint-Etienne. — Brevet d'invention de 5 ans pour un moyen de fondre en toutes sortes de métaux et d'une seule pièce, la monture des fusils et des pistolets. compris le corps de platine, et encore pour les fusils simples et les pistolets, le cylindre et la bascule.

29 avril 1839. — MILLIANT, fabricant à Saint-Etienne. — Brevet d'invention de 10 ans pour l'application des couleurs bon teint sur les rubans en soie grège, satin, taffetas ou armures de tout genres.

29 avril 1839. — DUMAS Claude, mécanicien à Saint-Cha-

mond. — Brevet d'invention de 5 ans pour un sytème propre à utiliser le poids et l'effet de l'action des moteurs animés.

24 mars 1840. — Peyret Alphonse, à Saint-Etienne. — Brevet d'invention de 5 ans pour un nouveau système de chemins de fer.

21 juin 1840. — Gonon Jacques, négociant à Saint-Etienne. —Brevet d'invention de 5 ans pour un nouveau battant à plusieurs navettes propre à la fabrication des rubans et étoffes.

21 juin 1800. — Seytre Claude-Félix, mécanicien à Saint-Etienne. — Brevet d'invention de 5 ans pour un battant brocheur à trois navettes.

9 septembre 1840. — Verpilleux frères, constructeur de machines à vapeur à Rive-de-Gier.—Brevet d'invention de 15 ans pour un nouveau système de bateau à vapeur, spécialement employé à la remonte des voyageurs et des marchandises sur les fleuves, rivières et canaux.

9 septembre 1840. — Richard, Fourneyron et Arnaud, de Saint-Etienne. — Brevet d'invention de 15 ans pour un moulin à blé à demeure fixe ou transportable, à un ou deux tournants, produisant 40 à 50 kilogrammes de farine à l'heure, tournant sans autre moteur que la force d'une bête de somme.

15 novembre 1840. — Biallon frères, fabricants de rubans à Saint-Etienne. — Brevet d'invention de 10 ans pour de nouveaux peignes propres à la fabrication des tissus de tous genres et en toutes largeurs.

15 novembre 1840. — Barrallon, fabricant de rubans, et Forissier, teinturier à Saint-Etienne. — Brevet d'invention de 10 ans pour une nouvelle machine propre à ombrer en nuances variées de couleurs, sur les rubans et étoffes en soie grège et autres.

15 novembre 1840. — GIRAUD Pierre, à Saint-Etienne.
— Brevet d'invention de 10 ans pour de nouveaux
procédés et appareils propres à la teinture des étoffes
de soie grège et rubans fabriqués en soie et à rappeler
les couleurs avariées de toute espèce de tissus.

15 novembre 1840. — BONNEFOY Jean-Pierre, armurier à
Saint-Etienne. — Brevet d'invention de 5 ans pour un
procédé propre à graver en creux, avec l'application
de tous les dessins possibles, les canons de fusils damassés à rubans ou tordus.

15 novembre 1840. — BOURGAUD et C°, fabricants d'armes
de luxe à Saint-Etienne. — Brevet d'invention de 5 ans
pour un système d'engrenage à détente cachée applicable aux pistolets et aux fusils simples et doubles.

15 novembre 1840. — FOURNEL ET LAVAL, de Saint-
Chamond. — Brevet d'invention de 5 ans pour un
procédé propre à doubler, sans augmenter le nombre
de bras, la puissance des métiers Jacquard dits à la
barre, employés à la fabrication des rubans.

15 novembre 1840. — BOIVIN Jean, mécanicien à Saint-
Etienne. — Brevet de perfectionnement et d'addition
au brevet de perfectionnement de 10 ans qu'il avait pris
le 13 novembre 1835, pour un mouvement mécanique
applicable au battant brocheur à plusieurs navettes.

15 novembre 1840. — VERPILLIEUX frères, à Rive-de-Gier.
— Brevet de perfectionnement et d'addition au brevet
d'invention de 15 ans qu'ils ont pris le 25 juin 1840,
pour un nouveau système de bateaux à vapeur, spécialement employés à la remonte des voyageurs et des
marchandises sur les fleuves, rivières et canaux.

15 novembre 1840. — TOURETTE et C°, négociants à Saint-
Etienne. — Brevet d'invention et de perfectionnement

de 5 aus pour un perfectionnement apporté au fusil se chargeant par la culasse.

15 novembre 1840. — BREUIL Jacques, armurier à Saint-Etienne. — Brevet d'invention de 5 ans pour un procédé de façon des canons de fusils et pistolets à rubans croisés et damas croisés.

15 novembre 1840. — DE GALLOIS, ingénieur à Saint-Etienne. — Brevet d'invention de 5 ans pour un mécanisme propre à la remonte des wagons sur les chemins de fer.

7 octobre 1840. — REVERCHON FILS ET PASCAL, mécaniciens de Saint-Etienne. — Brevet d'invention de 10 ans pour un mécanisme propre à la remorque des wagons sur les chemins de fer.

14 novembre 1840. — BOIVIN Jean. — Brevet d'invention de 15 ans pour un compteur à gaz.

31 janvier 1841. — Damiens LIMOUZIN, passementier de Saint-Etienne. — Brevet d'invention de 5 ans pour un procédé dit les *deux machines* propres à fabriquer les velours et les brochés façonnés.

26 mai 1841 — GRANGIER frères, fabricants de rubans à Saint-Chamond. — Brevet d'invention et de perfectionnement de 10 ans pour un procédé mécanique à broder les rubans, étoffes et toutes autres espèces de tissus à une ou plusieurs aiguilles, agissant séparément et pouvant former toutes espèces de contours et dessins de broderies pendant l'opération même de la fabrication du ruban ou de l'étoffe sur métiers à une ou plusieurs pièces.

28 mai 1841. — BOIVIN Jean, mécanicien à Saint-Etienne. — Brevet d'addition et de perfectionnement à son brevet d'invention pour un régulateur qu'il appelle *régu-*

lateur Boivin, du gaz dans les becs d'éclairage et des liquides dans la distribution des eaux.

31 mai 1841. — GRIVEL Pierre, teinturier de Saint-Etienne. — Brevet d'invention de 5 ans pour un peigne propre au tissage des rubans et des étoffes de soie.

9 juillet 1841. — GRANGIER frères, négociants à Saint-Chamond. — Brevet d'addition et de perfectionnement à leur brevet d'addition et de perfectionnement de 10 ans, pour un procédé mécanique à broder les rubans, étoffes et toutes autres espèces de tissus à une ou plusieurs aiguilles agissant séparément et pouvant former toutes espèces de contours et dessins de broderies, pendant l'opération même de la fabrication du ruban ou de l'étoffe, sur métier à une ou plusieurs pièces.

7 juillet 1841. — REVERCHON FILS ET PASCAL, mécaniciens à Saint-Etienne. — Brevet d'addition et de perfectionnement à leur brevet d'invention de 10 ans, pour un mécanisme propre à la remorque des waggons sur les chemins de fer.

7 novembre 1841. — GROS-RENAUD Pierre-Louis, de Saint-Etienne. — Brevet d'invention de 10 ans pour des *roues hydrauliques à réaction.*

12 mai 1842. — REVERCHON André et MERLAVAND Jean. — Brevet d'invention de 5 ans pour un instrument de musique appelé *Odestrophedon.*

12 mai 1842. — GRIVEL Pierre, teinturier. — Brevet d'addition et de perfectionnement pour un peigne propre au tissage des rubans et des étoffes de soie.

12 mai 1842. — BONNEFOY Clément et MURAT Jacques, armurier à Saint-Etienne. — Brevet d'invention de 5

ans pour une machine propre à faire, sur les canons de fusils et pistolets, les dessins factices damas ondé dit *croisé*, rubans et autres analogues.

1er août 1842. — RIOLLE Benoît-Marie, à Saint-Chamond. — Brevet d'invention de 15 ans pour une roue de traction dite *à la Riolle*, destinée à faciliter la remonte des locomotives sur les plans inclinés des chemins de fer.

1er août 1842. — BREUIL Jacques, canonnier. — Brevet d'addition et de perfectionnement pour un procédé de façon de canons et pistolets à rubans et damas croisés.

14 novembre 1842. — MARSAIS Emile, directeur des mines à Saint-Etienne. — Brevet d'invention de 15 ans pour un procédé par lequel il convertit la menue houille en charbon dar.

14 novembre 1842. — SIGAUD-HOUILLIEUX, coutelier à Saint-Etienne. — Brevet d'invention de 5 ans pour un instrument dit *découpoir cylindrique* pour les rubans.

14 novembre 1842. — VERPILLIEUX frères, mécaniciens à Rive-de-Gier. — Brevet d'invention de 5 ans pour un système de remorque de waggons sur les chemins de fer à plans inclinés.

1er février 1843. RICHARD Benoit, dessinateur-mécanicien à Saint-Etienne. — Brevet d'addition et de perfectionnement au métier Jacquard.

12 avril 1843. — GONON fils, à Saint-Etienne. — Brevet d'invention de 15 ans pour un mécanisme propre à la fabrication des rubans brodés et autres étoffes de soie, avec économie de matière et de main-d'œuvre sur les procédés employés jusqu'à ce jour.

12 avril 1843. — JACKSON frères, fabricants d'acier, à

Rive-de-Gier. — Brevet d'invention de 5 ans pour l'application de l'acier fondu à la confection des barres destinées à ferrer les roues des locomotives et waggons des chemins de fer.

15 mai 1843. — SABOT Jean et BRUYAS Jean-Marie, mécaniciens à Saint-Etienne. — Brevet d'invention de 5 ans pour un métier propre à la fabrication des rubans unis, damassés et façonnés.

15 mai 1843. — VIGNAT-CHOVET, négociant à Saint-Etienne. — Brevet d'invention de 15 ans pour un procédé de perfectionnement au métier Jacquard propre au tissage du ruban de soie.

15 mai 1843. — BERTHON Jacod, Francisque MURGUES ET LEGROS. — Brevet d'invention de 5 ans pour un nouveau système de roues et d'essieux applicables aux chemins de fer.

15 mai 1843 — DONZEL Fleury, maître de verreries à Rive-de-Gier. — Brevet d'invention et de perfectionnement de 10 ans pour le traitement des scories de grosse forge.

15 mai 1843. — THELIÈRE Pierre, mécanicien à Saint-Etienne. — Brevet d'invention de 5 ans pour un rouet à cylindre propre à économiser la soie.

17 août 1843. — RICHARD Benoît, dessinateur-mécanicien à Saint-Etienne. — Brevet d'invention de 15 ans pour un procédé de perfectionnement du métier Jacquard.

19 août 1843. — BREUIL Jacques, canonnier à St-Etienne. — Brevet d'invention de 5 ans pour la fabrication de damas anglais façonnés.

19 août 1843. — GRANGIER frères, négociants à Saint-Chamond. — Brevet d'invention de 10 ans pour un genre de velours et peluche.

19 août 1843. — **Mermey** Jean-Baptiste, marchand de soie à Saint-Etienne. — Brevet d'invention de 10 ans pour un compteur titré servant à métrer et à titrer la soie.

19 août 1843. — **Michel** Antoine, fabricant de lacets, et **Rivollier** Jean-Baptiste, entrepreneur de bâtiments à Saint-Chamond. — Brevet d'invention de 15 ans pour un genre de parquet mosaïque.

28 novembre 1843. — **Ginet** Jean-Baptiste, ouvrier en soie à Saint Etienne. — Brevet d'invention de 10 ans pour un mécanisme de perfectionnement au métier Jacquard et destiné à la fabrication des étoffes, rubans et tissus de toute espèce.

1er février 1844. — Fleury **Donzel**, maître de verrerie à Rive-de-Gier. — Brevet de 10 ans pour une préparation métallurgique dite *coke métalluré*.

1er février 1844. — Jean **Teillard** jeune, fabricant de verres à Rive-de-Gier. — Brevet d'invention de 10 ans pour un moyen de chauffage des fourneaux à recuire des bouteilles, par l'emploi de la chaleur perdue du four à fusion.

1er février 1844. — Benoît **Richard**, dessinateur-mécanicien à Saint-Etienne. — Brevet d'addition et de perfectionnement à son brevet d'invention de 15 ans en date du 17 août 1843, pour un procédé de perfectionnement du métier Jacquard qui rend ce dernier propre à fabriquer les rubans, étoffes façonnées, brochées, les bretelles, filoches velours, etc., avec emploi du fil de soie, laine et coton, en caoutchouc, au moyen de doubles marchures, coffres et bascules de deux à quatre navettes, sans coup perdu.

1er février 1844 — Charles **Dubost** père, à Doizieu près

Saint-Chamond. — Brevet d'invention de 10 ans pour un procédé de perfectionnement du dévidoir des soies notamment celles dites du *Levant*.

1er août 1844. — Paul-Victor DE GALLOIS, à St-Etienne. — Brevet de perfectionnement de 5 ans pour l'emploi d'un appareil particulier, destiné à utiliser les flammes perdues des fours, à produire la vapeur nécessaire aux machines à basse pression en général, fonctionnant, sans mécanisme particulier à l'expansion, avec autant d'avantage que les machines à moyenne pression, détente et condensation.

1er août 1845. — Jean-François-Régis FERROUIL, à Saint-Etienne. — Brevet d'invention de 10 ans pour un mécanisme ayant pour objet de prévenir les intermittences momentanées du jet d'eau dans les tuyaux d'ascension des pompes alimentaires des machines à vapeur.

10 novembre 1844. — Toussaint MERLAT, teinturier à Valbenoite, près Saint-Etienne. — Brevet d'invention de 5 ans pour un mécanisme propre à teindre et à remettre à neuf les rubans et étoffes de soie.

10 novembre 1844. — MIGOLON-GÉNARD ET Cᵉ, à Saint-Etienne. — Brevet d'invention de 5 ans pour un produit chimique qu'ils nomment *noir torréfié*.

10 novembre 1844. — Claude REY, fabricant d'armes à Saint-Etienne. — Brevet d'invention de 5 ans pour une simplification dans la batterie des armes à feu.

10 novembre 1844. — HINKINSON-BILL ET CONDAMIN cadet, le premier, à Saint-Julien-en-Jarret, et le second à Rive-de-Gier. — Brevet d'invention de 5 ans pour divers appareils de fabrication du fer et de l'acier de cémentation ci-après dénommés : 1° un haut-fourneau pour la réduction des minerais de fer ; 2° petit haut-

fourneau pour la préparation du fin métal ; 3° fours à
pudeler ; 4° fourneau de grillage des crasses des fours
à pudeler ; 5° fourneau pour la fabrication de l'acier
de cémentation.

10 novembre 1844. — Jean-Claude GRANOTTIER, à Saint-
Julien-en-Jarret. — Brevet d'invention de 10 ans pour
un procédé propre à la fabrication et à la gravure des
rubans métalliques.

18 juin 1845. — François BEYCOTTE, à Saint-Etienne.
— Brevet d'invention de 10 ans pour un système d'ar-
rêt de sûreté pour les armes à feu.

18 juin 1845. — Julien MIRAMONT, à Saint-Etienne. —
Brevet d'invention de 5 ans pour le perfectionnement
du battant brocheur à quatre navettes du métier Jacquard.

18 juin 1845. — Barthélemy COURBON, à Saint-Etienne. —
Brevet d'invention de 15 ans pour un mécanisme qu'il
désigne sous le nom de *aérifirienne*.

18 juin 1845. — GRANGIER frères, à Saint-Chamond. —
Brevet d'invention de 15 ans pour un mécanisme propre à produire les dessins sur les métiers brocheurs.

8 septembre 1845. — Pierre GIRAUD, à Saint-Etienne.
— Certificat d'addition se rattachant au brevet d'invention de 10 ans, qui lui a été délivré le 25 août 1840,
pour des procédés servant à la teinture et au décreu-
sage des étoffes de soie grège ; laquelle addition consiste en un mécanisme qui simplifie le travail et aug-
mente la régularité.

8 septembre 1845. — Jules-Joseph LANGE DE BEAUJOUR,
à Saint-Etienne. — Certificat d'addition se rattachant
au brevet d'invention de 10 ans, qui lui a été délivré
le 24 janvier 1842, pour des armes à feu à plusieurs

charges superposées dans le même canon; laquelle
addition consiste en un perfectionnement de la mise de
feu.

8 septembre 1845. — Benoît RICHARD, à Saint-Etienne.
— Certificat d'addition se rattachant au brevet d'invention de 15 ans, qui lui a été délivré le 17 août 1843,
pour un procédé de perfectionnement du métier Jacquard, qui rend ce dernier propre à fabriquer les rubans, étoffes façonnées, brochées, les bretelles, filoches, bonneterie, velours et ganses d'épaulettes, avec
emploi du fil de soie, laine et coton et caoutchouc, au
moyen de doubles marchures, coffres et bascules, de
deux à quatre navettes, sans coup perdu, laquelle addition consiste soit en un procédé à plusieurs navettes,
sans coup perdu, soit en un autre à trois navettes, avec
coup perdu.

8 septembre 1845. Louis MOINECOURT. — Brevet d'invention de 15 ans pour un moyen de reconnaître la fidélité des industriels auxquels les fabricants confient la
soie, soit pour les ouvraisons, retordage et teintures.

8 septembre 1845. — Louis MOINECOURT. — Addition
au susdit brevet, consistant en une simplification du
procédé.

8 septembre 1845. — MALESPINE Pierre, à Saint-Etienne.
— Brevet d'invention de 15 ans pour un procédé de
fabrication et d'aciérage des enclumes.

8 septembre 1845. — Georges DESSAGNE, à St-Etienne.
— Brevet d'invention de 5 ans pour un perfectionnement du pistolet.

11 février 1846. — François-Guillaume RENAUD. — Brevet
de 15 ans pour la fabrication d'une liqueur propre à la
conservation de la chaussure et dite *liqueur Caoutchoutine-Renaud*.

26 mai 1846. — Jean-Baptiste Robert, à Saint-Étienne. — Brevet d'invention de 15 ans pour un moyen de locomotion des voitures et waggons sur les chemins de fer par l'application de l'air comprimé.

26 mai 1846. — Vignat Chovet, à Saint-Étienne. — Brevet d'invention de 10 ans pour un perfectionnement au métier Jacquard, ayant pour objet de faciliter le développement des cartons.

26 mai 1846. — Marcellin-Antoine-Jean Granjon. — Brevet d'invention de 15 ans pour un four parabolique à chauffer l'acier et autres métaux.

8 septembre 1846. — Maximilien Evrard, à St-Étienne. — Brevet de 15 ans pour un compteur perpétuel décimal sans engrenage.

8 septembre 1846. — Toussaint Merlat. — Brevet de 10 ans pour un procédé de teinture des rubans ombrés et rayés.

8 septembre 1846. — Jean-François Thevenin. — Brevet d'invention de 15 ans pour un procédé consistant dans la subsistution de l'étirage au filage pour la préparation du coton ou de la laine destinés à la fabrication.

17 novembre 1846. — Plate et Rozet, à Saint-Étienne. — Brevet d'invention de 15 ans pour un procédé de fabrication de cercles de roues de locomotives et waggons des chemins de fer.

17 novembre 1846. — Pierre Hyppolite Termet. — Brevet d'invention de 15 ans pour des procédés de confection de couronnes emblèmes en fleurs naturelles ou artificielles.

17 novembre 1846. — Joseph Déchaud, Jean Renaudier et Gabriel Mondon, à Saint-Étienne. — Brevet d'invention de 15 ans pour l'adaption d'un balancier aux métiers Jacquard, afin d'en alléger le poids.

17 novembre 1846. — Antoine MIZERY. — Brevet d'invention de 15 ans pour un moteur à poudre pour la locomotion des bâtiments maritimes.

17 novembre 1846. — Joseph ABRÉAL. — Brevet d'invention de 10 ans pour un perfectionnement au battant brocheur à quatre navettes à coup perdu.

17 novembre 1846. — Benoît RICHARD, à Saint-Etienne. — Addition se rattachant au brevet d'invention de 15 ans, qui lui a été délivré le 16 août 1843, pour un procédé de perfectionnement du métier Jacquard, qui rend celui-ci propre à fabriquer les rubans, étoffes façonnées-brochées, bretelles, filoches, bonneteries, velours, ganses d'épaulettes en fil de soie, laine et coton, et caoutchouc, au moyen de doubles marchures, coffres et bascules de deux à quatre navettes, sans coup perdu.

22 mai 1847. — Pierre AGLAT-ESTIENNE. — Brevet d'invention pour perfectionnement des volets composant la fermeture des magasins.

22 mai 1847. — Jean-Baptiste POMMEROL, à St-Etienne. — Brevet d'invention de 15 ans pour perfectionnement du battant au métier Jacquard, ayant pour objet de faciliter la fabrication des rubans.

22 mai 1847. — Jean-Baptiste RIVOIRE-NOIR, à Saint-Etienne. — Brevet d'invention de 15 ans pour perfectionnement des bandes de billards.

22 mai 1847 — Etienne-Joseph MASSOT. — Brevet d'invention de 15 ans pour un moteur rotatif à [illegible] [illegible] au [illegible] ou à vapeur.

22 mai 1847. — Barthélemy COURBON et Frédéric MATHIS, à Saint-Etienne. — Brevet d'invention de 15 ans pour un système à vapeur dit *machine à courbine*, avec bras ou clapets et pompe alimentaire.

22 mai 1847. — Paul Guthmann. — Addition au brevet d'invention de 15 ans, qu'il a pris le 19 mars 1846, pour un système de billard dit *billard académique.*

1er septembre 1847. — Charles Bessy. — Brevet d'invention de 15 ans pour un procédé de montage et moulinage de la soie à tours comptés et à titre connu.

1er septembre 1847. — Jourjon et Clair, à St-Etienne. — Brevet d'invention de 15 ans pour un système de marteau-pilon applicable à toute espèce de forge.

1er septembre 1847. — Michel Loup. — Brevet d'invention de 15 ans pour un système de creusets destinés à la fusion du verre.

1er septembre 1847. — Aubry et Chateauneuf, à Valbenoîte. — Brevet d'invention de 15 ans pour un procédé de fabrication des enclumes sans soudure et d'une seule pièce.

1er septembre 1847. — Jean-Baptiste Robert, à Saint-Etienne. — Addition au brevet de 15 ans qu'il a pris le 20 novembre 1845, pour un moyen de locomotion des voitures et des waggons sur les chemins de fer par l'application de l'air comprimé.

9 février 1848. — Damiens Limouzin, de Saint-Etienne. — Brevet d'invention de 15 ans pour un mécanisme de rétrogradation régulière et avertisseurs applicables aux navettes de tous les métiers tisseurs.

9 février 1848. — Guillaume Marconnet et Jean Michalon, de Saint-Etienne. — Brevet de 15 ans pour un perfectionnement à l'invention du sieur Michalon, pour les fusils à percussion intérieure dits *fusils Michalon,* lequel perfectionnement consiste dans la suppression de la baguette à bourre et de la catouche.

9 février 1848. — Jean-Marie Terra et François Griotier, de Saint-Etienne. — Brevet de 15 ans pour un

battant mécanique propre à la fabrication des rubans de soie et autres dit *battant Terra-Griolier.*

9 février 1848. — Claude-Bernard PEYROT, de Saint-Étienne. — Brevet de 15 ans pour un mécanisme d'horlogerie dit *montre peyrot.*

9 février 1848. — Paul COUDRAY, de Saint-Etienne. — Brevet de 10 ans pour un procédé d'argentage de dents de peignes des grands métiers de barre, pour la fabrication des rubans et velours.

9 février 1848. — Antoine BUISSON. — Brevet de 15 ans pour un mécanisme propre à la fabrication des clous connus dans le commerce sous le nom de *clous-potirons, clous de caissiers, de bourreliers, etc.*

9 février 1848. — Jean-Baptiste FRAISSE et Jacques CHAUDIER, de Saint-Etienne. — Brevet de 10 ans pour un mécanisme propre à communiquer le mouvement ascensionnel du battant brocheur dans les métiers Jacquard.

9 février 1848. — Jérôme-Gabriel MOTIRON. — Brevet de 15 ans pour un système de métiers à lacets.

9 février 1848. — Antoine VIAL, de Saint-Etienne. — Brevet de 5 ans pour un mécanisme s'adaptant aux métiers Jacquard pour la fabrication des rubans.

9 février 1848. — Barthélemy COURBON et Frédéric MATHIS, à Saint-Etienne. — Addition au brevet d'invention de 15 ans, pour un système à vapeur dit *machine à courbine,* avec bras ou clapets et pompe alimentaire et applicables aux bateaux à vapeur. Cette addition consiste dans l'adaptation à la machine à courbine et autres à vapeur des roues accouplées à rames, des rames à béquilles et chaînes à palettes, et dans un mécanisme pour empêcher la fraction des essieux.

9 février 1848. — Paul GUTHMANN, de Saint-Etienne.

— Addition au brevet d'invention de 15 ans accordé le 19 mars 1846, pour un système de billard dit *billard académique*.

9 février 1848. — Maximilien EVRARD, à Saint-Etienne. — Addition au brevet d'invention de 15 ans accordé le 12 février 1846, pour un compteur perpétuel décimal sans engrenages.

9 février 1848. — Michel LOUP. — Addition au brevet d'invention de 15 ans qu'il avait pris le 7 avril 1847, pour un système de creusets destiné à la fusion du verre.

22 avril 1848. — Antoine MICHEL, fabricant de lacets à Izieu. — Brevet de 15 ans pour un perfectionnement aux métiers à lacets, lequel consiste dans l'adaptation d'un fuseau métallique.

22 avril 1848. — Albert BAROU, à Saint-Etienne. — Brevet d'invention de 15 ans pour améliorations apportées dans la fabrication de la fonte malléable.

22 avril 1848. — Benoît RICHARD, à Saint-Etienne. — Brevet d'addition à celui de 15 ans délivré le 17 août 1843, pour un procédé de perfectionnement du métier Jacquard, qui rend celui-ci propre à fabriquer les rubans, étoffes façonnées-brochées, bretelles, filoches, velours, etc., au moyen de doubles marchures à coup perdu ou sans coup perdu.

3 août 1848. — Dame MAZARD née DRIVET, à Tartaras. — Brevet d'invention de 15 ans pour un appareil propre à l'agglomération du menu charbon de terre et à la fabrication des briques.

3 août 1848. — Joseph MOUCHET, Grégoire PIGNOL et Christophe PLASSE, à Saint-Etienne. — Brevet de 15 ans pour l'amélioration des plans inclinés sur les che-

mins de fer et des moyens de traction actuellement
employés.

3 août 1848. — Claude CROZET, à Saint-Etienne, et Marcelin MAGNIN, de la Croix-Rousse. — Brevet de 15 ans pour une fabrication de fuseaux destinés aux métiers à fabriquer les tissus.

18 décembre 1848. — Barthélemy ROBERT, fabricant de fourneaux et de calorifères à Saint-Etienne. — Brevet de 15 ans pour des moyens d'employer utilement et économiquement le charbon de terre pour le chauffage domestique et autres, et pour l'éclairage.

18 décembre 1848 — Julien DUCHEZ, teinturier à Saint-Chamond. — Brevet de 15 ans pour un procédé de teinture de la soie par l'emploi d'une liqueur extraite de plantes fourragères et potagères.

18 décembre 1848. — LANOIR et C°, maîtres de verrerie à Rive-de-Gier. — Brevet de 15 ans pour perfectionnements introduits dans les fours à étendre le verre.

18 décembre 1848. — Jean-Marie MAZENOD, fabricant de chaînes à Saint-Martin-la-Plaine. — Brevet de 10 ans pour une matrice à plier et à calibrer les mailles de chaînes.

18 décembre 1848 — Barthélemy COURBON ET MATHIS, à Saint-Etienne. — Addition au brevet d'invention de 15 ans pris le 22 mai 1847, pour un système à vapeur dit *machine à courbine* avec bras ou clapets et pompe alimentaire.

19 avril 1847. — Jean-Pierre EXBRAYAT et Jean-Baptiste JOLY, à St Etienne. — Brevet d'invention pour un rouet mécanique propre ou devidage des soies.

19 avril 1849. — François PAYRE, à Saint-Etienne. — Brevet de 15 ans pour un système de moulinage dit

de Payre, comprenant toutes les opérations qui se rattachent à cette préparation de la soie.

19 avril 1849. — François PAYRE, à Saint-Etienne. — Brevet de 15 ans pour un mécanisme propre à émonder les céréales et toute espèce de grains.

19 avril 1849. — Narcisse BERLIER, à Rive-de-Gier. — Brevet de 15 ans pour un essieu brisé tournant, se prêtant à tous les contours de route et applicable à toute espèce de voitures.

16 avril 1849. — COMBE fils, à la Ricamarie. — Brevet de 15 ans pour une fabrication des ailes des charrues.

26 octobre 1849. — Jean-Baptiste BARET, à Saint-Etienne. — Brevet de 15 ans pour les moyens 1° de broder en tissant sur toute espèce d'étoffes ou rubans ; 2° d'épingler ces mêmes étoffes ou rubans au moyen d'un fil sans fin, invention pouvant s'appliquer à toutes sortes de métiers à tisser.

26 octobre 1849. — André BOUVARD à Saint-Etienne. — Brevet de 15 ans pour un genre d'imprimerie dit *imprimerie Bouvard*, et applicable aux décors dans le genre étrusque, ainsi qu'aux lettres d'enseignes et d'affiches.

26 octobre 1849. — Régis VERNHET, à Saint-Etienne. — Brevet de 15 ans pour une modification apportée au mécanisme dit *à la Jacquard*, et son application à la fabrication des tissus façonnés en tous genres et en toute matière, fabrication dite *marchure brisée ou à double effet*.

26 octobre 1849. — GRANGER frères, à Saint-Chamond. — Addition au brevet de 15 ans pris le 18 juin 1845, pour un mécanisme propre à produire les dessins sur les métiers brodeurs.

25 mars 1850. — Jean-Baptiste PORTEFAIX et Antoine TEYSSIER, à Saint-Etienne. — Brevet d'invention de

15 ans pour un perfectionnement aux peignes à tisser toutes espèces d'étoffes à l'aide d'une aiguille.

25 mars 1850. — René-Napoléon Voilquin, à St-Etienne. — Brevet de 15 ans pour l'agglomération de la houille.

25 mars 1850. — Jean-Marie Terra et François Griottier, à Saint-Etienne. — Addition au brevet de 15 ans pris le 9 février 1848, pour un battant mécanique propre à la fabrication des rubans de soie et autres.

25 mars 1850. — Dame Mazard née Drivet, à Tartaras. — Addition au brevet de 15 ans pris le 3 août 1848, pour un appareil propre à l'agglomération de la houille et à la fabrication des briques.

25 mars 1850. — Irénée Brun, à Rochetaillée. — Brevet de 5 ans pour un moyen d'empêcher le défaut de tissage sur les métiers à lacets.

25 mars 1850. — Richard frères, à Saint-Chamond. — Brevet de 15 ans pour un procédé, qui permet d'obtenir un travail sans défaut de tous métiers à lacets.

25 mars 1850. — François Payre, à Saint-Etienne. — Brevet de 15 ans pour une voiture à vapeur destinée au transport des voyageurs et des marchandises sur les routes ordinaires.

25 mars 1850. — André Reverchon et Georges Schaub, à Saint-Etienne. — Brevet de 15 ans pour un mécanisme dit *pas ouvert* destiné aux métiers à la Jacquard.

TABLE DES MATIÈRES.